油藏工程

朱道义　编著

U0264112

中国石化出版社
·北京·

内 容 提 要

《油藏工程》是一本为适应成果教育导向(Outcome - Based Education,OBE)而编写的教材。本书深入浅出地介绍了油藏工程的全貌,内容涵盖了油气藏工程概述、油气藏工程设计原理、油气藏动态预测原理、油气藏动态监测原理、油气藏动态分析原理、油气藏动态调整原理以及数智与低碳油气藏工程等,从理论到实践,从评价方法到开发技术,为读者提供了一个全面、系统的油藏工程知识框架。本书内容适应我国油气田开发的需要,可作为石油工程和地质工程等相关专业的教学用书,也可供从事石油工程和地质工程领域科研人员和技术人员使用参考。

图书在版编目(CIP)数据

油藏工程 / 朱道义编著 . --北京:中国石化出版

社,2024.12. -- ISBN 978 - 7 - 5114 - 7787 - 3

Ⅰ.①TE34

中国国家版本馆 CIP 数据核字第 2025 BH8994 号

中国石化出版社出版发行

地址:北京市东城区安定门外大街 58 号

邮编:100011 电话:(010)57512500

发行部电话:(010)57512575

http://www.sinopec-press.com

E-mail:press@sinopec.com

天津嘉恒印务有限公司印刷

全国各地新华书店经销

*

787 毫米 × 1092 毫米 16 开本 14.5 印张 350 千字

2024 年 12 月第 1 版 2024 年 12 月第 1 次印刷

定价:78.00 元

前　言

油藏工程(Petroleum Reservoir Engineering)是油气藏工程原理与方法的简称，有时也称作油气田开发工程(Oil and Gas Field Development Engineering)，是研究油气田开发理论和方法的一门学问，涉及石油地质学、地球物理、油层物理学、渗流力学、采油工程等学科。是一门以数学、计算机科学、经济学等为研究工具，以科学高效开发油气资源为目标的综合性的工程科学。

油藏工程是一个系统性工程，是对具有商业价值的油田，依据详探成果和必要的生产性开发试验，在综合研究的基础上，从油田的实际情况和生产规律出发，制订出合理的开发方案并对油田进行建设和投产，使油田按预定的生产能力和经济效果长期生产，直至开发结束。

现如今，油藏工程，这个充满挑战与机遇的领域，正迅速发展成为中国能源战略的重要一环。随着OBE(Outcome – Based Education)导向教育的兴起，培养具备实际工作能力的人才成为当务之急。

本书深入浅出地介绍了油藏工程的全貌，内容涵盖了油气藏的类型、评价、开发、监测、分析和调整等多个方面。全书共分7章，包括油气藏工程概述、油气藏工程设计原理、油气藏动态预测原理、油气藏动态监测原理、油气藏动态分析原理、油气藏动态调整原理以及数智与低碳油气藏工程等内容。从理论到实践，从评价方法到开发技术，这本书为读者提供了一个全面、系统的油藏工程知识框架。希望这本书能成为油藏工程师的得力助手，帮助他们更好地理解和应对油气藏开发的挑战。

本书的特色在于，既注重理论的深度，又强调实践的应用。通过引入大量的实际案例，展示了油藏工程理论在实际工作中的应用。同时，为了跟上油藏工程领域的最新发展，特别关注新理论、新技术、新方法，力求使教材内容与时俱进。此外，本书还注重培养学生的能力，通过实践与思考环节，引导学生主动思考，培养他们分析问题和解决问题的能力。

在本书编写过程中得到了中国石油大学(北京)克拉玛依校区石油学院油藏工程教学团队的大力支持，并在校区以校内讲义的形式进行了教学试用与修订。在编排上，本书遵循了OBE导向的教育理念，以学生的学习成果为导向，设置了丰富的实践与思考环节。内容上，从油气藏的类型、评价、开发、监测、分析到调整，逐步深入，层次分明，有利于学生系统地学习和掌握油藏工程的知识。在教材的编写与出版过程中，得到了中国石油大学(北京)克拉玛依校区的支持，在此一并表示感谢。感谢郭思、杨永亮、张炯、高英棋、谭宏根、程泓斌等研究生在文字和图表整理方面提供的帮助。

尽管本书在内容编排和特色方面力求做到尽善尽美，但仍有不足之处。此外，教材的更新速度可能跟不上油藏工程领域的快速发展，加之编者水平与经验有限，疏漏、错误之处在所难免，恳请广大同人、读者批评指正，提出宝贵意见，以便再版时修正。

朱道义
2024 年 8 月于克拉玛依

目　　录

1

油气藏工程概述

知识与能力目标

➤ 理解油气藏工程设计的基本流程。

➤ 了解油气藏工程的具体任务。

➤ 了解编制油田开发方案的内容和所需基础材料。

素质目标

➤ 培养学生的自学能力，能够综合分析各大油田的勘探开发历程。

深地追踪——油气藏设计的实践与策略

在克拉玛依附近的准噶尔盆地西北缘(图1-1),那是一片充满神秘与希望的土地。这片土地之下,油气藏宛如隐藏的宝藏,静待勘探者的探索。石油勘探者们在这里发起了一场艰苦的"深地追踪"任务。自1955年10月29日克拉玛依1号井喷出工业油流以来,油田的勘探开发工作便拉开了序幕。勘探队伍如同勇敢的探险家,在这辽阔的土地上不断寻找石油。从1956年开始,普查工作如细密的蛛网,逐渐覆盖整个区域,初步揭开了油田地质构造的神秘面纱。而1957年的详查工作,则像是一把锐利的手术刀,进一步精确地确定了油田的边界和储量。在这场漫长的"深地追踪"中,挑战与未知层出不穷,但正是这种对未知领域的探索精神,推动着石油勘探者们不断前行,将克拉玛依油田的勘探开发工作推向新的高度。

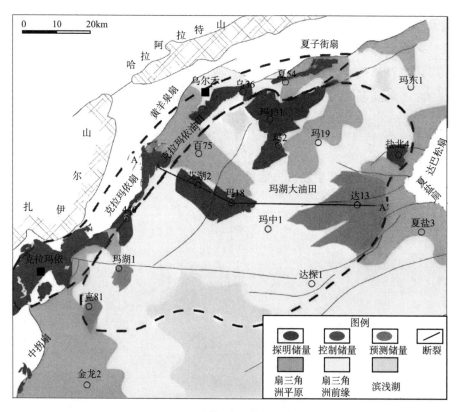

图1-1 新疆油田局部示意图

为了更加精确地开发油田,1958年开展了地震细测工作,为油田的开发提供了详细的地质资料。1959年打了详探资料井,获取了更精确的地质数据。1960年进行试油试采,初步了解了油田的产能和开采难度。在此基础上,1961年开辟了生产试验区,探索适合克拉玛依油田的开发方式。

在掌握了油田的基本情况后，于1962年部署基础井网，为油田的大规模开发奠定了基础。随后，1963年开始注水开发，提高了油田的采收率。为了进一步提高开发效果，1964年完善了井网。在此过程中，不断提高油田的开发技术，开展了提高采收率技术研究。

到20世纪70年代，新技术的运用使得油田开发取得了显著成果。80年代，发现了新的油田，扩大了克拉玛依油田的储量。90年代，加强了对油田的精细管理，提高了油田的开发效益。在此期间，油田的年产量逐渐增长，使其逐渐成为我国第六大油田。2000年以后，油田勘探开发进入了新技术、新方法的应用阶段。水平井、欠平衡钻井、二氧化碳驱油等技术的运用，为油田的持续发展提供了有力支持。经过几十年的努力，克拉玛依油田已成为中国重要的石油产区之一，为国家做出了巨大贡献。

近年来，新疆油田的勘探开发领域迎来了崭新的篇章。2017年，玛湖油田的神秘面纱被揭开，为其带来了12.4亿吨的石油地质储量，其中可采储量达到惊人的8.2亿吨。2019年，吉木萨尔油田的发现更是喜人，其探明石油地质储量高达1.5亿吨。这些新油田的横空出世，为新疆油田的产量规模带来了翻天覆地的变化。油田的勘探开发过程，就是一个不断探索、实践、再认识、再实践的循环往复的过程。随着勘探技术的飞速发展和对地质构造的深入研究，新疆油田的储量得以持续攀升。另外，随着新油田的开发和技术的不断进步，新疆油田的产量规模也在不断扩大。未来，新疆油田将继续发挥重要作用，为我国石油工业的繁荣做出更大贡献。

问题与思考

(1)上述案例给你带来什么样的启发？

(2)油田探勘开发分为哪几个阶段？

(3)如何更好地开发油气藏？开发油气藏的流程和设计方法有哪些？

1.1 油气藏工程设计之前的准备工作

油气藏工程设计之前的准备工作是油气藏勘探开发程序中的重要环节，其作用是为油气藏的开发提供科学、合理的方案和基础数据，确保油气藏开发的经济效益和安全性。在过去，油气田的勘探开发程序分为勘探阶段和开发阶段两个阶段，如图1-2所示。然而，随着油气勘探开发技术的进步和对油气藏认识加深，油气藏评价阶段应运而生。

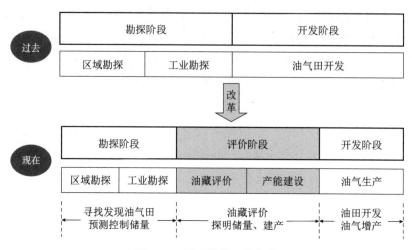

图1-2　油田勘探开发程序

1. 勘探阶段

勘探阶段(exploration phase)包括区域勘探和工业勘探(包含构造预探和油田详探)，其目的是为了发现潜在的油气资源。

(1)区域勘探(regional exploration)是指在一个地区(指盆地、坳陷或凹陷)开展普查和详查等油气田勘探工作，目的是查明生、储油条件，指出油气聚集的有利地带，并进行油气地质储量估算。

(2)工业勘探(industrial exploration)是指在区域勘探所选择的有利含油构造上进行的钻探工作，主要任务是寻找和查明油气田，计算探明储量、油井产能。工业勘探可以细分为构造预探和油田详探两部分。

构造预探是指在有利含油构造上进行地震详查和钻初探井，其主要任务是发现油气田及其工业价值，初步圈定含油边界。油田详探是指在构造预探提供的有利含油构造上，加密地震测网密度进行地震细测，钻详探井获取更多地层资料，进行油气井的试油与试采，开辟生产试验区，研究开发规律。其总体任务是查明油气藏特征及含油边界，圈定含油气面积，提高储量探明程度。

油气田开发前的准备工作(即工业勘探阶段)要有次序、有步骤地开展以下四项工作内容。

1) 地震细测

地震细测是指在预探的基础上，配合钻探，通过加密地震测网密度，提高地震数据的分辨率和精度，以便更准确地识别地下构造和油气藏的分布。通过高密度的地震数据采集和处理，详细描绘地下构造特征，识别潜在的油气藏边界和断层，为确定含油带圈闭面积、闭合高度等提供依据。

2) 钻详探资料井

详探资料井是在地震细测的基础上，选择关键位置钻探的井，目的是获取更详细的地层资料，包括岩性、孔隙度、渗透率等。通过钻探详探井，获取地层岩芯和测井数据，详细分析油层物性和分布，为后续的油气藏储量和产能评估、开发方案设计提供依据。

3) 油气井的试油与试采

试油与试采是通过对详探井进行测试，评估油气井的产能和油气藏的动态特性，包括油气产量、压力变化等。

试油(oil testing)是指将油、气、水从地层诱到地面上并经过专门测试取得各种资料的工作。试采(pilot production)则是指在试油之后把油井按照生产井的正常要求，进行较长时间的生产，通过试采确定油井的生产规律，暴露出生产矛盾，以便在方案编制中加以考虑。

通过试油和试采，获取油气井的生产数据，评估油气藏的开发潜力和生产能力，确定合理的开发方案和技术参数，为正式开发提供依据。

4) 开辟生产试验区

生产试验区是在油气藏中选择一个区域进行小规模的开发试验，目的是研究油气藏的开发规律和动态变化。也是油田上第一个投入生产的开发区，肩负典型解剖与生产的双重任务。通过开辟生产试验区，收集开发过程中的生产数据，研究油气藏的采收率、压力变化、含水率等动态特性，优化开发方案，为大规模开发提供经验和指导。

开辟生产试验区是油田开发工作的重要组成部分。这项工作必须针对油田的具体情况并遵循以下正确的原则进行：

(1) 生产试验区所处的位置和范围对全油田应具有代表性，以使通过试验区所取得的认识和经验具有普遍的指导意义。

(2) 生产试验区应具有一定的独立性，确保其设立不会破坏全油田开发方案的整体性和合理性。同时，应避免周边区域的开发活动对试验区任务的持续执行产生干扰，从而最大限度地减少试验区对全油田科学开发的不利影响。

(3) 试验区应具有一定的生产规模。

(4) 试验区的开辟应充分纳入地面设施建设的考量。

2. 评价阶段

油气藏评价阶段(reservoir evaluation phase)主要包括油气藏评价和产能建设两个方面。

油气藏评价阶段的引入，可以克服过去勘探开发过程中出现的"勘探报喜、开发报忧"的情况。在过去，由于缺乏对油气藏的详细评价，勘探阶段发现油气资源时往往过于乐观，而对开发阶段的困难和挑战估计不足。这导致在开发阶段出现一系列问题，如开发成本超支、生产效率低下、环境问题等。而现在，通过油气藏评价阶段，可以更加准确地评估油气藏的潜力和风险，为勘探开发活动提供更为科学的依据。

油气藏（田）评价的主要内容可归纳为以下三个方面：

（1）油气藏地质评价，包括圈闭特征、储层特征、流体特征，构建油气藏构造数值模型、储层参数模型以及流体分类模型；

（2）储量与经济评价，包括储量估算与评价、产能评价，并确定合理的采油速度；

（3）开发特征评价，如油层的温度特征、压力特征、驱动类型、生产特征，以此制定科学的开发策略和实施方案。

油藏（井）产能是指油井在单位生产压差条件下的产油量或产液量，可用采油指数或采液指数来描述，具体介绍见第2.2.6节。

3. 开发阶段

开发阶段（development phase）则是在勘探阶段的基础上，进行基础井网建设、完善井网等开发活动。基础井网是以开发某一主力含油层为目的而实现设计的基本生产井与注水井，是开发区的第一套正式开发井网。在先导试验区基础上选择一组具备独立开发条件的渗透率高、分布稳定的油层，布置一套排距、井距较大的稀井网。基础井网能合理开发主力油层，建成一定生产规模，兼探其他油层，解决探井、资料井未完成的任务。

基础井网的部署要求如下：

（1）应该在开发区总体开发设计的框架下进行设计，同时兼顾未来不同层系井网的协同作业与综合利用，避免孤立部署。

（2）实施过程要分步推进。基础井网钻完后，可暂缓射孔，及时开展油层对比分析，明确地质条件，掌握其他油层特征。必要时可先对原方案进行优化调整，再进行基础井网的射孔与投产。

开发后期，会进一步加密钻井，完善注采系统，甚至会进行开发方案的调整。

1.2 油气藏工程设计流程概述

在油气田的勘探历程中，通过不断的勘探和开发，对油气田的地质特性、储量规模、开发难度等有了更深入的了解。通过编制总体开发方案，可以优化开发策略，提高油气藏的开发效果，同时确保开发过程符合国家法规和战略，保护环境，实现可持续发展。作为油气田开发的纲领性文件和技术性文件，油气田总体开发方案主要包括油气田概况、油气藏描述、油气藏工程设计、其他工程设计以及开发方案实施具体要求几个部分，如图1-3所示。

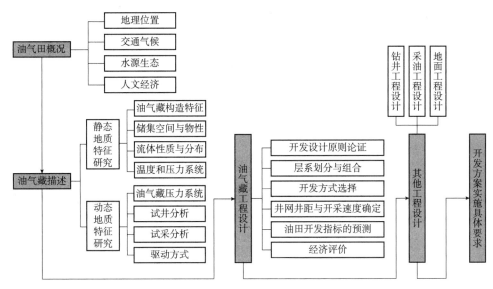

图1-3 油气藏总体开发方案编制流程

(1)油气田概况：介绍油气田的地理位置、面积、交通、气候、水源、生态保护要求、人文社会和经济状态等基本信息，为后续开发提供基础数据。

(2)油气藏描述：分析油气藏构造特征、储集空间与物性、流体性质与分布、温度和压力系统等油气藏静态地质特征，以及分析油气藏实时压力系统、试井结果、试采结果以及驱动方式，为油气藏工程设计提供依据。

(3)油气藏工程设计：包括开发设计原则论证、层系划分与组合、开发方式选择、井网井距与开采速度的确定、油田开发指标的预测、经济评价等，旨在确定合理的开发策略，提高油气藏的开发效果。

(4)钻井、采油、地面建设工程设计：涉及钻井工程设计、完井工程设计、采油工程设计、地面建设工程设计等方面，确保油气藏开发的地面设施安全、可靠、高效。

(5)开发方案实施具体要求：包括开发程序、开发试验安排、生产管理、增产措施、动态监测、环境保护等方面的要求，确保油气田开发符合国家法规和战略。

油气藏工程设计是油气田总体开发方案的核心部分，其重要性体现在确保油气藏的高效、安全、经济开发。油气藏工程设计流程主要包括油气藏基础数据获取和油气藏工程设计两部分。

1.2.1　油气藏基础数据获取

在油气藏工程设计流程之前，获取油气藏的基础数据至关重要。这些数据为设计提供了扎实的基石，确保了工程设计的科学性和准确性。其中包括地面概况资料、静态地质资料、动态地质资料等。所有这些数据和研究成果，都是编制油气田总体开发方案不可或缺的基础。油气藏基础数据的获取是一个复杂而全面的过程，涉及多个方面的资料收集和分析。

(1)地面概况资料,包括区块地理位置、交通、气候、水源、电力、通信、生态要求、人文社会和经济状况等。地面概况资料是通过实地考察和调查问卷等手段获得的。

(2)静态地质资料,包括油田所处的构造位置、工区范围、地层分布、储层分布、储层深度及厚度分布、沉积类型、构造背景、含油面积、油田勘探简史等。静态地质资料主要通过地质调查、地震勘探、钻井取芯、测井等方法获取。

(3)动态地质资料,钻井资料、取芯资料、录井资料、测井资料、测试资料、试油与试采资料等,以及其他在总体开发方案编制前已经获得的前期研究成果等。动态地质资料来源于钻井、取芯、录井、测井、测试、试油与试采等实际操作。此外,岩芯分析化验结果和物性分析结果也是不可或缺的数据来源,通过实验室分析化验获取,包括常规岩芯分析化验结果和特殊岩芯分析结果等。

在油气藏工程设计中,对这些数据的要求主要体现在数据格式的规范性、准确性和完整性。数据应以标准格式存储,便于计算机处理和分析。数据应真实反映油气藏实际情况,确保在工程设计中能够准确地分析和判断。数据应涵盖油气藏各方面的信息,以便全面了解油气藏特征,为工程设计提供充分依据。随着油气藏开发进程的推进,应及时更新数据,确保工程设计依据的时效性。对获取的数据进行妥善保管,防止数据丢失、损坏或泄露,确保数据安全。

1.2.2　油气藏工程设计流程

1.2.2.1　陆上常规砂岩油藏开发方案设计流程

陆上常规砂岩油藏的开发方案设计是一个系统的工程,涉及多个方面的综合研究和分析,主要包括构造及断裂特征、现今地应力和裂缝、储层特征、流体分布及物性、储层渗流物理特性、油藏类型、油藏储量评价、地质模型建立、油藏工程论证、油藏数值模拟模型建立、开发指标预测及方案优选。

(1)构造及断裂特征。描述目标区块的构造及断层特征,并分析断层对流体分布、流体流动的控制作用。

(2)现今地应力和裂缝(主要针对裂缝发育油藏)。对现今地应力状况进行描述,确定最大主应力和最小主应力方向和大小;对裂缝性质及分布特征进行分析描述。

(3)储层特征。描述油田范围全套地层的地质时代、岩石组合、厚度变化、地层接触关系、古生物、沉积旋回性及标准层等。综合各方面资料,结合隔层条件、压力系统、油气水系统划分油层层组直到小层。分析讨论储层岩性、岩石矿物组分、储层厚度分布特征。分析讨论油层物性特征,如孔隙度、渗透率、含油饱和度等,并对油层非均质性做出评价。

(4)流体分布及物性。确定油(气)水界面及含油气边界,综合分析储层中油、气、水系统纵向分布及平面分布特征。对原油、天然气以及地层水的物性特征进行分析评价。

(5)储层渗流物理特性。评价油藏岩石润湿性,统计整理确定油藏油水毛管力曲线和油水、油气相对渗透率曲线。

(6)油藏类型。对油藏温压系统、天然能量进行分析，并确定油藏类型。

(7)油藏储量评价。根据储量分级结果、区块平面区域范围储层厚度分布、油藏剖面特征、顶面构造、含油面积、孔隙度、渗透率以及含油(气)饱和度等资料，按层组分区块计算地质储量。计算完成后，对储量计算结果的可靠性进行评价，同时，按储层油品、储量丰度、储量大小、储层渗透性等对储量进行分类，并分区块分层对储量做出优先动用、动用时机和动用储量丰度规模等综合评价。

(8)估算采收率。采用不同的方法，如经验类比法、岩芯分析法、相对渗透率曲线法、相关经验公式法等估算油藏采收率。根据油藏可能选择的驱动类型、开采方式选用不同的采收率估算方法。

(9)估算可采储量。根据油藏可能选择的驱动类型、开采方式确定的采收率和地质储量估算可采储量。

(10)地质建模。根据油藏构造、储层、油水系统及油藏类型等特征建立油藏地质模型。地质模型要充分体现层内非均质性的变化，储层、隔层及夹层的纵、横向展布等。地质建模内容包括地层格架模型、构造格架模型、油藏属性模型和储量拟合。根据开发要求建立不同规模、不同类型的地质模型(单井模型、二维模型、三维模型等)。

(11)油藏工程论证。主要内容包括阐述油田开发原则、层系划分与组合论证、开发方式论证、单井产能及经济极限产能论证、井网部署及开采速度论证等，同时根据现场测试结果分析开发井的生产和注入能力。

(12)油藏数值模拟模型建立。选用合适的油藏模拟软件，建立油藏数值模拟模型，并说明采用网格大小、纵向分层、静态参数及流动参数的赋值依据，并对过程中涉及的不确定因素进行敏感性分析，根据分析结果提出方案应采用的参数数值，同时完成模型储量拟合及生产动态的历史拟合。

(13)开发指标预测及方案优选。综合各方面的分析结果，提出若干候选开发方案，分别说明不同方案的特点。对不同方案开发指标进行预测，包括平均单井日产油量、全油田年产油量、综合含水率、最大排液量、年注入量、累计产油量、油田最终采收率等。在此基础上，预测经济指标，经济指标包括投资回收期、内部收益率和净现值等，并分析影响经济指标的各敏感因素，如油田原油储量、产能及开发规模、技术上的风险以及地质不确定因素等。

综合评价各开发方案的技术、经济指标，筛选出3~5个较优的开发方案。给出各方案各阶段开发指标和最终采收率，并对优选的几个方案进行排序。报告附有关的指标预测对比图及各方案的井位图，同时提出开发过程中的相关要求。

值得注意的是，油气藏开发经济评价必须以油气藏经营参数的最佳化和经济效益更大化为出发点，在满足国民经济需要的同时，在物质生产上讲求经济效益，尽量做到投资少、利润大、见效快、返本期短。只有能满足这种要求的油藏，才具有较大的开采价值。

1.2.2.2 陆上常规气藏开发方案设计流程

对于陆上普通砂岩干气气藏，总体开发方案编写所需完成的内容基本与普通砂岩油藏相同，但仍需特别关注气藏开发的独特性。以下为具体差异点。

（1）流体性质分析方面，需对天然气的化学组分特征进行分析与评价。

（2）在储量计算方面，除了估算天然气的地质储量外，还需依据现有数据，运用动态法推算天然气的动态储量，并进一步确定气井的经济储量下限。

（3）开采方式方面，干气气藏的开发以天然能量驱动的衰竭式开采为主导，同时结合地面增压开采或其他人工注采技术作为辅助手段。

1.2.2.3 海上油田开发方案设计流程

海上油田的开发方案虽然与陆地油田在总体开发流程上具有相似性，但由于海上油田所处的特殊环境和位置，使得油藏工程设计方面与陆地油气田存在显著的不同。

在进行油藏工程设计时，必须充分考虑到海上油田所处的气象条件、水深等海洋环境因素。这些因素将直接影响油田平台的选址和井位布局。制订出合理的平台位置和井位部署方案，并绘制出平台及开发井位布置图，同时提供相关的指标预测结果，以确保开发方案的有效性和可行性。

1.2.3 油气藏工程设计方针与原则

在制定油气藏工程设计方案时，需综合考虑国民经济和市场需求对不油产量的要求，结合油田地质条件，选择适宜的开发方式并设计合理的开发井网，同时对油层层系进行科学划分与组合。因此，编制油气藏工程设计流程（即油田开发流程）时，应重点分析以下因素：

（1）采油速度，即确定合理的开发速率；

（2）油田地下能量的利用与补充；

（3）油田最终采收率；

（4）油田稳产年限；

（5）油田经济开发效益；

（6）现有工艺技术水平；

（7）对环境的影响。

这些因素通常相互关联且可能存在矛盾，因此在设计方案时需统筹等兼顾，全面权衡。在编制油气藏工程设计方案时，必须遵循国家对石油生产的政策导向和市场需求，结合目标油田的实际情况、现有工艺技术水平及地面建设能力，制定以下具体开发原则：

（1）明确采油速度和稳产年限；

（2）确定开采方式和注水方式；

（3）规划开发程序；

（4）制定开发步骤，包括基础井网部署、生产井网设计、射孔方案编制以及注采工艺方案设计；

（5）确定合理的布井原则；

（6）选择适宜的采油工艺技术和增产措施。

为确保国家原油产量的稳定增长，满足国民经济发展需求，可对不同规模油田的稳产年限进行宏观调控。具体划分如下：

（1）可采储量大于 1×10^8 t 的油田，稳产期应不少于 10 年以上；

（2）可采储量为 5000×10^4 t ~ 1×10^8 t 的油田，稳产期应为 8 ~ 10 年；

（3）可采储量为 1000×10^4 t ~ 5000×10^4 t 的油田，稳产期应为 6 ~ 8 年；

（4）可采储量为 500×10^4 t ~ 1000×10^4 t 的油田，稳产期应不少于 5 年；

（5）可采储量小于 500×10^4 t 的油田，稳产期应不少于 3 年。

1.3 油气藏工程的具体任务

油藏工程的核心目标在于解答四大关键问题：油气藏的特性是什么？该如何有效开发？开发过程中的动态变化如何？如何实现更优的开发效果？为了解答这些问题，油藏工程承担着认识油气藏、评价油气藏、开发油气藏、分析油气藏以及调整油气藏五大具体任务，如图 1 - 4 所示。下文将介绍这五大任务中所涉及的油气藏设计原理与工程方法。

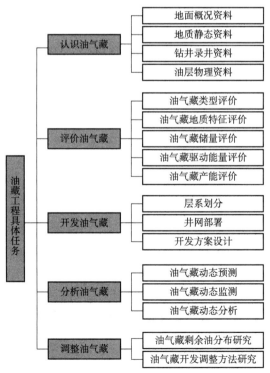

图 1 - 4 油藏工程的具体任务

1.3.1　认识油气藏

认识油气藏是指对油气藏的各种信息进行综合分析和研究，以便更好地了解油气藏的地质特征、开发潜力以及开采策略。这些信息主要包括地面概况资料、地质静态资料、钻井录井资料和油层物理资料等。通过对这些资料的综合分析，可以为油气藏的开发和生产提供科学依据。

1. 地面概况资料

地面概况资料是指油气藏所在地的地理、自然和人文环境等方面的信息。这包括区块的地理位置，即油气藏位于哪个省份、哪个盆地或哪个区块；自然环境，如气候、地形、地貌等；人文环境，如人口、城市、交通等；以及交通情况，包括道路、铁路、航空等交通设施的分布和状况。这些信息对于油气藏的开发和运输具有重要意义。

2. 地质静态资料

地质静态资料是指油气藏的地质特征和构造背景等方面的信息。这包括构造位置，即油气藏所在的地质构造单元；地层分布，即油气藏所在的地层层序及其分布规律；储层分布，即油气藏的储层岩石类型、分布范围和储层物性；储层深度及厚度分布，即储层的垂直深度和横向厚度变化；沉积背景，即油气藏形成时的沉积环境；构造背景，即油气藏形成的构造环境；含油面积，即油气藏的油气分布范围。这些信息对于油气藏的评价和开发设计至关重要。

3. 钻井录井资料

钻井录井资料是指通过钻井和录井获取的油气藏信息。这包括钻井资料，如井位、井深、井斜等；取芯资料，如岩芯样品的岩性、厚度等；录井资料，如岩性、岩相、含油气性等；测井资料，如电测井、声测井、核测井等；测试资料，如地层压力、含油饱和度等；试油与试采资料，如产油量、产气量、油气比。这些信息对于油气藏的勘探和开发具有直接指导意义。

4. 油层物理资料

油层物理资料是指通过岩芯分析化验获得的油气藏物理性质信息。这包括常规岩芯分析化验结果，如岩性、岩相、孔隙度、渗透率等；特殊岩芯分析结果，如裂缝发育程度、岩石力学性质等；油、气、水常规分析，如油品性质、气体成分、水化学成分等；以及原油或天然气高压物性分析，如密度、黏度、气油比等。这些信息对于油气藏的开发设计和生产管理具有重要意义。

总之，认识油气藏需要收集和分析各种资料，以便全面了解油气藏的地质特征、开发潜力和开采策略。

1.3.2 评价油气藏

评价油气藏是对油气藏的潜在价值和开发前景进行评估的过程，也是油气勘探和开发的重要环节，标志着从单纯的勘探活动向更为精细和系统的开发活动的过渡。

油藏评价是对已发现的油气藏进行详细研究，探明储量，评估其开发前景和潜在价值。评价油气藏主要包括油气藏类型评价、油气藏地质特征评价、油气藏储量评价、油气藏驱动能量评价和油气藏产能评价。

1. 油气藏类型评价

油气藏类型评价是对油气藏的类型和特征进行分析和判断。根据油气藏的形成机制和地质特征，可以将油气藏分为多种类型。如根据原油黏度，油气藏可以分为稠油油气藏、稀油油气藏等。不同类型的油气藏具有不同的开发技术和方法，因此，对油气藏类型的评价是制订开发策略的基础。

2. 油气藏地质特征评价

油气藏地质特征评价是对油气藏的地质特征进行详细的分析和研究，包括油气藏的结构、构造、储层特性、流体性质等方面。这些地质特征对油气的生成、储集和开发都有着重要的影响。通过对油气藏地质特征的评价，可以更好地了解油气藏的开发潜力和风险。

3. 油气藏储量评价

油气藏储量评价是对油气藏中储存的油气的数量进行评估。目前主要采用的储量评价方法有类比法和容积法。类比法是通过与已知油气藏的对比，估算油气藏的储量。容积法是通过计算油气藏的体积，结合油气的饱和度和孔隙度等参数，计算油气藏的储量。准确的储量评价是制订开发计划和经济评估的基础。

4. 油气藏驱动能量评价

油气藏驱动能量评价是对油气藏中油气的驱动能力进行评估，包括压力、生产气油比和产量的动态变化。这些因素影响着油气的开采效率和开采寿命。通过对油气藏驱动能量的评价，可以确定适合的开采方式和开采策略，提高油气的开采效率和经济效益。

5. 油气藏产能评价

产能建设则是在油藏评价的基础上，根据油气藏的特性和开发目标，建设相应的生产设施，提高油气的生产效率和经济效益。油气藏(井)产能是指油气井在单位生产压差条件下的产油量或产液量，可以用产油指数或产液指数来描述。产能是确定油藏合理采油速度的重要依据。

上述评价内容为油气的勘探和开发提供了重要的依据。油气藏评价的根本目的是编写开发方案。

1.3.3 开发油气藏

开发油气藏是指对油气藏进行有效的开采，以获取油气资源的过程。这一过程主要包括层系划分与组合、井网部署和开发方案设计三个方面的内容。

1. 层系划分与组合

层系划分与组合是指根据油气藏的地质特征和油气的性质，将油气藏划分为不同的层系，并根据各层系的特性进行合理的组合。层系划分的主要依据包括储层的岩石类型、孔隙结构、渗透性、油气水的分布等。

2. 井网部署

井网部署是指在油气藏中合理地布置生产井、注水井、注气井等井筒，形成合理的井网，以实现对油气藏的有效开发。井网部署的主要考虑因素包括储层的分布、油气的运移方向、井筒的成本和效益等。

3. 开发方案设计

开发方案设计是指根据油气藏的地质特征和开发目标，设计合理的油藏开发方式（如弹性驱、溶解气驱、水驱、气驱等）、注采井网类型、油井产液能力和注水井吸水能力、开发速度、压力系统、注采比等参数。开发方案设计的主要依据包括油藏的地质特征、油气的性质、开发目标和经济效益等。

开发油气藏是一个复杂的工程技术活动，需要综合考虑地质、工程、经济等多个方面的因素，通过合理的层系划分与组合、井网部署和开发方案设计，以实现对油气藏的有效开发，获取最大的经济效益。

1.3.4 分析油气藏

分析油气藏是指通过一系列科学方法和工程技术，对油气藏的性质、行为和开发效果进行深入研究和理解的过程。这一概念主要包括油气藏动态预测、油气藏动态监测和油气藏动态分析三个方面的内容。也是一个涉及多个方面的复杂过程，要求工程师和地质学家结合地质数据、生产数据和丰富的经验分析技术，来理解和预测油气藏的行为。

1. 油气藏动态预测

油气藏动态预测是对油气藏未来产量和开发效果的预测，包括产油量、产水量、含水率、见水时机、无水采收率和最终采收率等关键指标。这些预测对于制订油藏的开发计划和经济评估至关重要，有助于优化生产策略，提高油藏的开发效率。

2. 油气藏动态监测

油藏动态监测是通过试井等方法，实时获取油藏的关键参数，如地层渗透率、地层流动系数和平均地层压力等。这些参数对于评估油藏的产能和制定合理的开发策略具有重要意义。通过动态监测，工程师可以及时了解油藏的变化情况，为生产决策提供科学依据。

3．油气藏动态分析

油藏动态分析是研究油藏行为的一种深入理解，主要包括物质平衡方程分析方法、Arps 产量递减分析方法和水驱特征曲线分析方法等。通过这些方法，可以预测油藏的天然能量变化、可采储量和采收率等，为油藏的开发和管理提供重要依据。

1.3.5　调整油气藏

调整油气藏是指在油气藏的开发过程中，根据油藏的动态变化和开发效果，对开发策略和方法进行优化和调整的过程。这一概念旨在提高油藏的采收率，延长油气藏的生产寿命，提高开发经济效益。这一过程主要包括油气藏剩余油分布研究、油气藏开发调整方法研究两个方面的内容。

1．油气藏剩余油分布研究

油气藏剩余油分布研究是调整油气藏的基础，通过对生产数据分析，结合地质和工程资料，研究油藏中剩余油的分布规律和潜力。剩余油分布研究对于确定调整目标和发展方向至关重要，有助于指导后续的调整工作。

2．油气藏开发调整方法研究

油气藏开发调整方法主要包括层系调整、井网调整、驱动方式调整、工作制度调整、开采工艺调整等方面。

调整油气藏是一个动态的过程，要求油藏工程师和地质学家不断监测油藏的变化，评估开发效果，并根据实际情况进行合理的调整。通过调整，可以优化油藏的开发策略，提高油藏的采收率，延长油气藏的生产寿命，实现经济效益的最大化。

1.4　《油藏工程》内容简介

前面介绍了很多油气藏工程原理与方法，涉及众多专业知识和方法。为了帮助读者系统地掌握这一领域的基础知识和方法，本书将介绍一系列重要且基础的油气藏工程原理与方法，如图 1-5 所示。

第 2 章重点讲解油气藏工程设计原理。这些原理主要适用于油气藏工程早期概念设计阶段。首先，对油气藏类型进行了详细描述，区分了不同类型的油气藏特性。其次，对油气藏的地质特征进行了评价，包括对油气藏的构造、岩石性质、流体性质等方面的分析。再次，还介绍了油气藏储量评价的方法，包括静态储量和动态储量的评估。本章还阐述了油气藏的驱动能量评价，分析了油气藏驱动类型及其影响。最后，介绍了油气藏开发设计的基本方法，包括层系划分、井网部署和开发方案设计等。

第 3 章讲述了油气藏动态预测原理。本章首先分析了油气藏开发的基础指标，如压

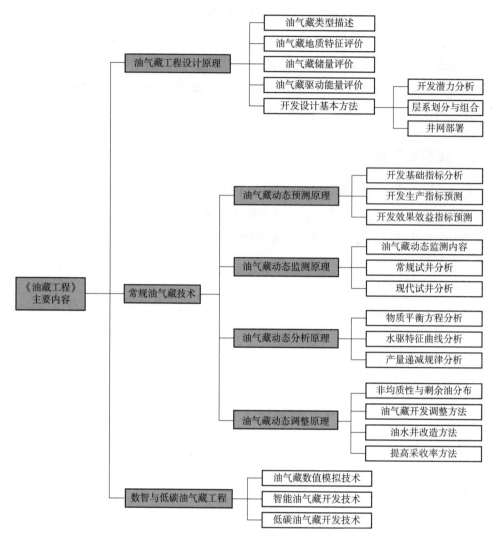

图 1-5 《油藏工程》主要内容

力、产量等；其次预测了油气藏开发的生产指标和效果效益指标，为油气藏的开发决策提供了重要依据。

第 4 章聚焦于油气藏动态监测原理，阐述了试井分析的基本理论，以及现场试井资料的获取和解释方法。这些内容对于准确获取油气藏动态信息，评估开发效果具有重要意义。

第 5 章涉及油气藏动态分析原理。本章介绍了物质平衡方程分析方法、水驱特征曲线分析方法和产量递减规律分析方法等，这些方法有助于深入理解油气藏的开发动态。

第 6 章阐述了油气藏动态调整原理。本章首先研究了剩余油的分布，其次介绍了油气藏开发调整的方法，以实现油气藏的高效开发。

第 7 章深入探讨了数智与低碳油藏工程原理与方法。首先，介绍了油气藏数值建模与优化的基本原理和方法。其次，阐述了智能化技术如人工智能、大数据分析在油田开发中的应用。此外，章节还涵盖了低碳油气藏开发技术，包括油气田开发低碳技术、伴生气回收利用、CO_2捕集封存与利用等。这些内容为现代油气藏开发提供了新的思路和技术支持。

实践与思考

1. 油田勘探开发程序调研

（1）调研目的：深入探寻油田的勘探开发进程，涵盖区域勘探、工业勘探（包含构造预探、油田详探）以及油田正式投入开发等各个阶段。

（2）调研对象：选取国内外众多大型油田，如大庆油田、长庆油田、新疆油田、塔里木油田、西北油田等。

（3）调研内容：重点围绕普查、详查、地震详查、钻探井、资料井、试油与试采状况、生产试验区、井网类型、开发动态等方面展开。

（4）调研安排：查阅文献（3 天）、制作材料与汇报（4 天）。

（5）调研报告：撰写报告并进行分组汇报。

2. 邀请油田专家讲座

油藏工程课程旨在培养具有创新精神和实践能力的油气藏工程专业人才，为我国油气藏的开发和利用贡献力量。为了更好地提高学生的专业素养和实践能力，请同学们策划一次"油气藏设计的实践与策略"的讲座活动。

活动要求：

（1）邀请：请每班邀请一位具有丰富油气藏设计经验的油田专家参与此次活动。专家的邀请将由同学们或任课老师负责，并需提前将专家的联系方式提交给任课老师。

（2）讲座：讲座预计持续 2 小时。请邀请的专家就油气藏设计的实践与策略的主题进行深入讲解，分享成功案例和经验教训。讲座内容应涵盖油气藏设计的原理、方法、技术以及实际操作等方面。

（3）交流与讨论：讲座结束后，将安排约 30 分钟的交流与讨论时间。同学们可就油气藏设计中的关键技术问题向专家请教，展开深入探讨。此外，也鼓励同学们分享自己的思考和见解，与专家进行思想碰撞。

3. 油田地质陈列馆或博物馆参观

在油藏工程的广阔天地里，油田地质陈列馆或博物馆犹如一座知识的宝库，承载着油田勘探开发的历史与智慧。为了让同学们更加直观地理解油田勘探开发程序，深化对油藏工程的认识，请同学们策划一次别开生面的实践活动——油田地质陈列馆或博物馆参观。

活动要求：

（1）预约：请同学们提前与油田地质陈列馆或博物馆预约，确保参观时间、人数等事宜安排妥当。

（2）参观：同学们需紧跟讲解员，认真听讲，主动提问，力求全面了解油田勘探开发程序的历史沿革、技术原理和实际应用。重点关注陈列馆或博物馆中所展示的油田勘探开发各个阶段的技术成果和案例分析，深入领会油藏工程的奥秘。

（3）总结与交流：请同学们结合自己的参观体验和学习心得，撰写一篇关于油田勘探开发程序的感想文章。文章内容应包括：对油田勘探开发程序的认识、参观过程中收获的知识点、对油藏工程的感悟等。并将评选出优秀文章并进行表彰，以激励同学们积极参与此类活动，提升自己的专业素养。

4. 课后思考题

（1）简述油田勘探开发程序。

（2）简述油气藏工程的主要任务。

（3）简述区域勘探的主要任务。

（4）简述在编制油气田开发方案时需要的资料。

（5）油田开发方案的主要内容包括哪五个方面？

课外书籍与自学资源推荐

1. 纪录片"大揭秘——开发大庆油田"

推荐理由：这部纪录片深入揭示了我国大庆油田勘探开发的全过程，展示了油藏工程领域的技术原理和实践应用。

纪录片以大庆油田为例，详细介绍了油气藏开发的关键环节，如地质调查、勘探、评价、开发和生产等，帮助同学们全面了解油藏工程的基本内容。同时，纪录片通过讲述大庆油田开发过程中的技术创新和产业发展，使同学们认识到油藏工程在石油工业中的重要地位。纪录片中穿插了大量专家访谈和珍贵历史镜头，让同学们在视觉和听觉上感受到油藏工程的魅力，增强对油藏工程学科的兴趣。此外，纪录片还展示了我国石油工人艰苦创业、拼搏奉献的精神风貌，激发同学们的爱国情怀和责任感。观看这部纪录片有助于同学们将所学知识与实际案例相结合，提高分析问题和解决问题的能力。

2. 纪录片"天下奇闻录——地底下冒出的无价宝"

推荐理由：这部纪录片以黑油山的发现历史、油气的发现、黑油山的地貌以及克拉玛依油田的开发为主线，生动地展示了油气藏工程的魅力和挑战。

纪录片通过讲述黑油山的发现历史，使同学们了解到油气藏的勘探和开发并非一蹴而就，而是需要长期的探索和努力。这有助于培养同学们的耐心和毅力，同时也让他们认识到油气藏工程的重要性和复杂性。纪录片展示了黑油山的独特地貌和克拉玛依油田的壮丽景象，让同学们对油气藏的形成和演化有更直观的认识。这对于理解油藏工程的地质基础和开发技术具有重要意义。

3. 书籍《油气田开发方案设计》

作者：郭小哲，王霞，陈民锋

出版社：中国石油大学出版社

出版时间：2012 年

推荐理由：该书全面而详细地介绍了油气田开发方案设计的相关知识和流程。全书共分为十一章，从方案设计前的勘探与开发基础，到方案设计的主要构成及数据构成，再到不同类型油气藏方案设计的特点，以及方案设计应用的地质模型及数值模型，内容丰富而系统。书中还详细介绍了油气田的驱动能量分析、储量评估、层系划分、井网部署、开发指标预测及经济评价分析等内容，这些对于学生理解和掌握油气田开发的核心概念和技术至关重要。

2

油气藏工程设计原理

➤ 重点掌握油气藏的类型及其开发地质特征。

➤ 重点掌握地质储量的容积确定方法及储量参数的确定方法。

➤ 掌握油藏不同驱动方式的生产特征及相应采收率的变化范围。

➤ 理解开发层系划分原则和油田注水时机选择。

➤ 重点掌握注水方式设计和注采系统设计。

🔺 **素质目标**

➤ 培养学生严谨细致的工作作风和精确计算的能力，同时强调劳动精神和团队协作的重要性。

➤ 培养学生对油气藏开发的整体规划能力和系统思维。

案例导入

地质探索——油气藏评估的地质特征分析

回溯至 20 世纪 50 年代，新疆准噶尔盆地西北缘的百口泉油田勘探开发工作已然启幕。然而，自 1963 年起，受诸多因素影响，百口泉的勘探开发渐趋沉寂。直至 1979 年 2 月 7 日，新疆石油管理局正式敲定，将工作重点转移的首役定于百口泉。并明确了"大干苦干九十天，拿下油井三十口，日产原油新增千吨，抢建百联站，夺水三千方"的第一阶段会战目标。3 月 31 日，百口泉会战指挥部召集 3600 人举行了声势浩大的誓师大会。

会战伊始仅一月，便在钻井取芯、钻井进尺、快速打井、高效搬家、测井时效、地面基建等方面，刷新了准噶尔盆地勘探开发的新纪录，树立了高标准。为此，会战指挥部于 5 月 4 日隆重召开了首战告捷庆祝大会。

1979 年 6 月，百口泉会战迈入第二阶段。此时，进一步扩大探明储量的紧迫任务让地质人员开始了另一项重要工作——探明百口泉油田的外边界。但自会战开始以来，就存在着一个困扰地质人员的关键问题，即百口泉油田西侧的克-乌断裂带具体位置无法确定。在步步紧逼的扩大储量任务之下，对于探寻断裂扩边的呼声也越来越高。但显然，这不是一次简单的出击。在那个年代，对于物质的缺乏仍是人们面临的首要难题。而自克-乌断裂带认识形成二十多年来，准噶尔盆地的钻探一直局限在断裂范围内，如果此次扩边失败，将会对石油管理局原本就不宽裕的财力、物力造成损失。

到底是扩？还是不扩？对这个势必将承担风险的决策，百口泉会战领导专门召开会议听取各方意见后果断决定：选取西扩井排上的 1060 井先钻，如打到断层，再确定后续井位。1979 年 8 月，1060 井在 1570 米左右成功穿越了五百余米的上盘古生界变质层，顺利进入下盘中生代油层。这一钻探成果比预期位置高出 600 米，有力证实了克-乌断裂带的剖面形态呈上陡下缓之态，呈"帽檐式"逆掩断裂带特征。很快，会战指挥部在扩大的帽檐范围内又部署了三十多口开发井，每口井均获日产 40~60 吨的高产油流。"帽檐构造"的发现，使百口泉油田的边界向外拓展了 1000~1300 米，新增高产含油面积 8 平方千米，新增三叠系石油地质储量 1300 万吨，极大地扩展了含油范围。

更具重大意义的是，使人们对克-乌断裂带成藏条件的认识实现了质的飞跃，克-乌断裂带上陡下缓的特性具有普遍性，是一个呈交错叠合关系的复合含油区。克-乌逆掩断裂带的发现，乃是地质理论的重大突破，被誉为 1985 年以前中国石油的十大重大发现之一。

问题与思考

(1) 上述案例给你带来什么样的启发？

(2) 为什么在会战伊始要进行取芯作业？可以获得哪些参数？

(3) 为什么要探明油田的外边界？外边界具体指的是什么边界？

2.1 油气藏类型描述

油气藏类型的准确描述对于油气藏工程设计具有至关重要的作用。它不仅指导着开发策略的制定，还优化井位布局，预测产能和采收率，指导开发工艺和技术选择，以及评估开发风险和经济效益。

如同大千世界中的繁花似锦，每一个油气藏都有其独特的特性，虽然彼此没有完全相同的副本，但在细致观察下，可以发现若隐若现的相似之处。这些相似性为油藏工程师们提供了一些线索，使他们能够借鉴过往的经验，采用相同或相似的方法来开发。然而，每个油气藏都有其独特的特性，这就要求在进行油气藏工程设计之前，必须对油气藏的类型进行深入的描述和分类。

2.1.1 油气藏分类方法

油气藏类型，通常从圈闭成因类型、储层岩性、孔隙结构类型、储层渗透率、储层流体特征、储层流体分布特点、油气藏温度和压力性质等方面进行划分。

2.1.1.1 按照圈闭成因类型划分

油气藏(reservoir)是指单一圈闭中具有统一压力系统的油气聚集场所。圈闭(trap)是由 E H McCollough 于 1934 年提出的一个地质概念，也是一种能阻止油气继续运移并使油气聚集起来形成油气藏的地质场所。圈闭是一种地质构造，由储集层、盖层和遮挡物三要素组成，如图 2－1 所示。储集层是油气藏形成的场所，盖层能防止油气散失，而遮挡物则阻止油气继续运移。三个要素缺一不可。圈闭中的油气聚集形成了油气藏，是地壳中最基本的油气聚集单位。

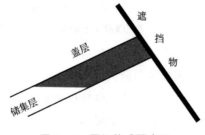

图 2－1 圈闭构成要素图

按油气藏所在圈闭的类型对油气藏进行分类，是目前矿场上常用的一种方法。根据圈闭类型，油气藏可分为构造油气藏、地层油气藏和岩性油气藏。

(1)构造油气藏(structural reservoir)是指在由于构造运动使地层发生变形(褶皱)或变位(断层)所形成圈闭中的油气聚集场所，如图 2－2 所示。

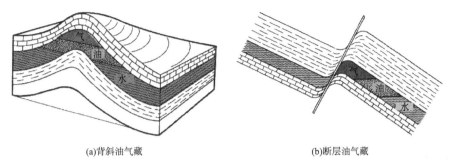

(a)背斜油气藏　　　　　　　　　　(b)断层油气藏

图 2 - 2　构造油气藏示意图

（2）地层油气藏（stratigraphic reservoir）是指地层超覆或不整合覆盖、沉积间断或风化剥蚀而形成的圈闭，即由不同地层组合形成的圈闭。地层油气藏主要有地层超覆油气藏、地层不整合油气藏和潜山油气藏，如图 2 - 3 所示。

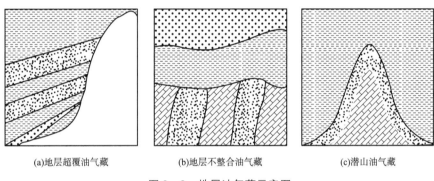

(a)地层超覆油气藏　　　　(b)地层不整合油气藏　　　　(c)潜山油气藏

图 2 - 3　地层油气藏示意图

地层超覆油气藏是指在逐层沉积作用形成的岸边地层超覆圈闭中聚集的油气，这种油气藏的形成受储集层与非储集层交互层叠的控制。地层不整合油气藏则是由地层不整合接触形成的不整合圈闭中聚集的油气，这类油气藏的形成受到早期沉积地层因构造运动而倾斜抬升、剥蚀，并与上覆地层形成不整合接触的影响。潜山油气藏是在古山峰沉降掩埋后形成的潜山圈闭中聚集的油气，这类油气藏的形成受到古山峰风化壳溶蚀孔洞发育的优质储集层的影响。

（3）岩性油气藏（lithologic reservoir）是指在由于沉积条件的改变导致储集层岩性发生横向变化而形成的岩性尖灭和砂岩透镜体圈闭中的油气聚集场所，如图 2 - 4 所示。

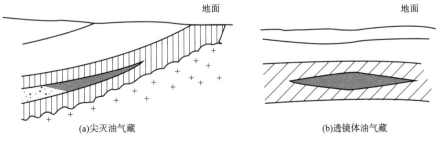

(a)尖灭油气藏　　　　　　　　　　(b)透镜体油气藏

图 2 - 4　岩性油气藏示意图

油田是指地质上受局部构造、地层或岩性因素控制的位于一定范围内多个油藏的总和。

2.1.1.2　按照储层岩性划分

能够作为储集层的岩石类型很多，严格说来大多数岩石种类均可以储存油气。碎屑砂岩普遍具有良好的原生粒间孔隙发育，这使其成为优质的储集层，如图 2 - 5(a)所示。结晶碳酸盐岩、岩浆岩及细粒碎屑泥岩由于原生孔隙的开度较小，通常情况下并不被视为油气储存的有效介质。然而，这一情况并非绝对，当这些岩石中出现较大规模的次生孔隙，如裂缝或溶洞时，同样能够成为良好的油气储存层，如图 2 - 5(b)所示。

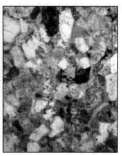

(a)砂岩　　　　　　　　　　　　　　　(b)碳酸盐岩

图 2 - 5　砂岩油气藏和碳酸盐岩油气藏储层岩石铸体薄片图

如果储集层岩石为砂岩，则为砂岩油气藏(sandstone reservoir)。如果为碳酸盐岩，则为碳酸盐岩油气藏(carbonate reservoir)。

> **课堂讨论**
> 页岩是否可以作为储集层岩石？是否存在页岩油气藏(shale reservoir)？

2.1.1.3　按照孔隙结构类型划分

储集层岩石通常被称为多孔介质，这是由于其含有大量的孔隙结构。储集层岩石的孔隙类型复杂多样，相应的分类方法也繁多。在油田开发实践中，孔隙通常根据其形态特征被划分为孔、洞和缝三类。

孔和洞均为具有三维扩展特征的储集空间，而裂缝则表现为二维扩展特征。孔和洞在形态上相似，其主要区别在于尺寸大小。孔隙可以根据其开度大小进一步细分为不同的级别，具体如表 2 - 1 所示。在砂岩储集层中，油气储集空间以开度较小的孔为主，而在碳酸盐岩储集层中，油气储集空间则往往以开度较大的缝和洞为主。

表2-1　孔隙开度级别划分

孔/mm		洞/mm		缝/μm	
大孔	0.5~2	巨洞	大于1000	大缝	大于100
中孔	0.25~5	大洞	100~1000	中缝	10~100
小孔	0.01~0.25	中洞	20~100	小缝	1~10
微孔	小于0.01	小洞	2~20	微缝	小于1

　　尽管单个溶洞可能具有较大的容积,但其数量有限,因此碳酸盐岩地层的总体储集能力并不一定强。相对地,砂岩的粒间孔隙虽然尺寸较小,通常在微米量级,但其数量极为庞大,使得砂岩地层的储集能力并不逊色。

　　根据储集层岩石中孔、洞和缝三种孔隙结构的组合情况,可以将储集层划分为不同的类型。当储集空间仅由这三种孔隙中的一种构成时,该储集层被称为单一孔隙介质,例如孔隙介质。相应的油藏则被称为单一孔隙介质油藏,如孔隙介质油藏。若储集空间由两种孔隙组成,则储集层被称为双重介质,如裂缝—溶洞型(双重)介质。相应的油藏被称为双重介质油藏,如裂缝—溶洞型(双重)介质油藏。当储集空间包含三种孔隙时,储集层则称为三重介质,如裂缝—溶洞—孔隙型(三重)介质。相应的油藏被称为三重介质油藏,如裂缝—溶洞—孔隙型(三重)介质油藏。此外,若油藏岩石中存在多种开度的孔隙,根据孔隙开度的不同级别,储集层岩石可以被归类为多重介质。相应的油藏则被称为多重介质油藏。

课堂讨论

　　按照孔隙结构类型划分方法,图2-5中的油气藏分别属于什么类型?

2.1.1.4　按照储层渗透率划分

　　油气藏的分类通常依据储层的渗透率大小进行,渗透率是衡量储层岩石允许流体通过的能力。表2-2给出了岩石渗透率的分类。

表2-2　岩石渗透率分类

类型	特高渗透	高渗透	中渗透	低渗透	特低渗透	超低渗透	致密
岩石渗透率/$10^{-3}\mu m^2$	>1000	500~1000	50~500	10~50	1~10	0.1~1	<0.1

　　根据渗透率的大小,油气藏可以分为高渗透油气藏、中渗透油气藏、低渗透油气藏、特低渗透油气藏、超低渗透油气藏、致密油气藏。

1. 高渗透油气藏

高渗透油气藏(high permeability reservoir)通常是指渗透率高于$500\times10^{-3}\mu m^2$的油藏。

・25・

对于一般高渗储层，渗透率基本上不会影响原油采收率。

2. 中渗透油气藏

中渗透油气藏（medium permeability reservoir）通常是指渗透率为 $50 \times 10^{-3} \sim 500 \times 10^{-3}$ μm^2 的油藏。对于一般中渗储层，渗透率基本上也不会影响原油采收率。

3. 低渗透油气藏

不同国家和地区对低渗透油气藏（low permeability reservoir）的划分标准并不完全一致。根据储层特性和油田开发技术经济指标，美国将渗透率小于 $100 \times 10^{-3} \mu m^2$ 的油气藏称为低渗透油气藏，苏联将标准定为 $50 \times 10^{-3} \sim 100 \times 10^{-3} \mu m^2$ 以下。我国根据实际生产特征，认为一般低渗透油气藏的油层平均渗透率为 $10 \times 10^{-3} \sim 50 \times 10^{-3} \mu m^2$。这类油气藏接近正常油气藏，油井能够达到工业油流标准，但产量较低。为了取得较好的开发效果和经济效益，需采取压裂措施提高生产能力。

4. 特低渗透油气藏

特低渗透油气藏（ultra - low permeability reservoir）的油层平均渗透率为 $1 \times 10^{-3} \sim 10 \times 10^{-3} \mu m^2$。这类油气藏与正常油气藏有明显差异，一般束缚水饱和度较高，测井电阻率降低，无法满足工业油流标准。特低渗透油气藏必须采取较大型的压裂措施和其他相应措施，才能有效地进行工业开发，如安塞油田、大庆榆树林油田和吉林新民油田等。

5. 超低渗透油气藏

超低渗透油气藏（extra - low permeability reservoir）的油层平均渗透率为 $0.1 \times 10^{-3} \sim 1 \times 10^{-3} \mu m^2$。这类油气藏非常致密，束缚水饱和度很高，基本上没有自然产能，通常不具备工业开发价值。但如果其他方面条件有利，如油层较厚、埋藏较浅、原油性质比较好等，同时采取既能提高油井产能又能减少投资和降低成本的措施，仍然可以进行工业开发并取得一定的经济效益，如延长的川口油田等。

6. 致密油气藏

致密油气藏（tight reservoir）的渗透率一般低于或等于 $0.1 \times 10^{-3} \mu m^2$，孔喉结构主要为纳米级，储层的渗流能力较差。由于储集空间狭小，致密油气主要以吸附或游离态赋存生油岩中，或在与生油岩互层、紧临的致密砂岩或碳酸盐岩中。致密油气没有经过大规模长距离的运移。

对于致密油气藏，存在广义和狭义两种概念。广义致密油气藏是指在低孔隙度和低渗透率的致密储层中的油气聚集场所，其开发方式需要使用与页岩气藏类似的水平井及体积压裂技术。狭义致密油气藏则指的是页岩以外的低孔隙度和低渗透率的致密储层中的石油资源，开采时同样需要水平井和体积压裂技术。因此，广义致密油的概念包括了页岩储层内的石油资源，着重强调的是储层的致密性。目前国外多数机构使用的致密油均为广义致密油的概念。

但在近几年，我国采用页岩油气藏的概念较多，一方面是因为我国的地质条件适合页岩气资源的生成和储存，另一方面也体现了我国在页岩气勘探开发领域的发展历程和技术进步。与此同时，为了与美国的页岩气工业规模相媲美，我国在页岩气开发领域不断进行技术创新和政策支持，努力推动页岩气产业的发展。

2.1.1.5 按照储层流体特征划分

根据地层中流体的组成和性质，可将油气藏划分为气藏、凝析气藏、轻质油藏、油藏和重质油藏等。

不同类型的油气藏，其生产气油比和地面脱气原油的密度不同，如表2-3所示。在实际工作中，可以根据这两项指标粗略判断油气藏的类型。

表2-3 地层油气划分界限

类别		生产气油比/(m^3/m^3)	凝析油含量/(cm^3/m^3)	甲烷含量/%	地面液体密度/(g/cm^3)	地面流体状态
天然气	干气	大于18000	小于20	大于90	0.01 ~ 0.05	无色气体
	湿气			70 ~ 90	0.6 ~ 0.9	
	凝析气	550 ~ 18000	20 ~ 2000	60 ~ 80	0.7 ~ 0.9	浅稻黄色或橘黄色液体
原油	轻质油	250 ~ 550	—	55 ~ 75	0.76 ~ 0.85	具有咖啡色、黄色、红色或绿色的液体
	中质油	35 ~ 250		小于60	0.85 ~ 0.95	由黑黄色、黑绿到黑色的液体
	重质油	小于35	—		大于0.95	很稠的黑色液体甚至固体

此外，有时也会根据凝固点和黏度等对原油进行分类，我国通常将凝固点超过40℃的原油划归为高凝油，将地下原油黏度大于50mPa·s（或地面脱气原油黏度大于100mPa·s）的原油划归为稠油。

2.1.1.6 按照储层流体分布特点划分

储层中流体的分布特点也称为接触关系，它是指圈闭中原油、天然气和水三种流体之间的分布及相互关系。

图2-6给出了某背斜油气藏中原油、天然气和水的分布示意图。油水接触面与储层顶面的交界线为含油外边缘，含油外边缘所包含的面积为内含油面积，用符号A_{oe}表示。油水接触面与储层底面的交界线为含油内边缘，含油内边缘所包含的面积为外含油面积，用符号A_{oi}表示。通常所说的油藏含油边缘指的是含油外边缘。因此，通常所说的油藏含油面积指的是外含油面积，用符号A_o表示。

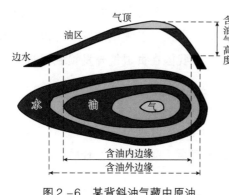

图2-6 某背斜油气藏中原油、
天然气和水分布示意图

根据油藏中原油、天然气和水在宏观上的分布特点，可以划分为带气顶油藏、不带气顶油藏、边水油气藏和底水油气藏，如图2-7所示。

带气顶油藏是指油藏顶部存在一定厚度的气相，这个气相是由轻质烃类气体组成，如天然气。此时的原油处于饱和状态，因此，带气顶油藏也称为饱和油藏。气顶的存在会对油藏的压力产生影响，也可能影响油藏的开采方式。在开采过程中，可能需要考虑气顶的处理和利用。不带气顶油藏是指没有明显的气相存在于油藏顶部。这类油藏中的油气主要集中在油层中，没有明显的气顶区域。此时的原油处于未饱和(不饱和或欠饱和)状态，因此，不带气顶油藏也称为未饱和油藏(不饱和油藏或欠饱和油藏)。

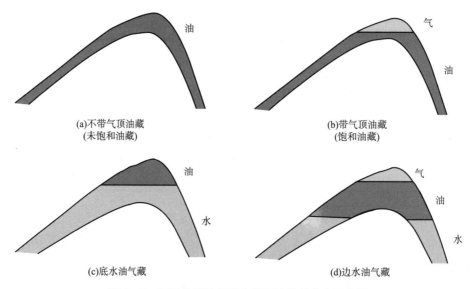

图2-7 不同类型油气藏中储层流体的分布示意图

边水油气藏是指油气藏的边缘区域与水体相连，水体环绕在油气藏的周围。这类油藏中的水通常被称为边水(edge water)。底水油气藏是指油气藏的底部与水体相连，水体作为油藏的底水(bottom water)。

2.1.1.7 按照地层温度划分

油气藏的温度系统是指由不同探井所测地温与相应埋深之间的关系图，也称作地温梯度图，如图2-8所示。油气藏的地温主要受地壳温度的控制，而基本不受储层岩石及所含流体性质的影响。因此，油气藏的地温梯度曲线通常为一条直线。

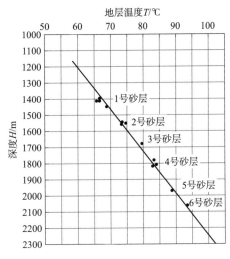

图 2-8 某油气藏的地温梯度图

油藏温度随埋深关系为：

$$T = a + bH \qquad\qquad (2-1)$$

式中，T 为油气藏埋深的地温，℃；a 为地面的年平均常温，℃；b 为地温梯度，℃/m；H 为埋深，m。

在大多数沉积岩中，正常地温梯度为 3℃/100m 左右，但很多地区油藏地温梯度较高，大庆油田的地温梯度高达 4.5℃/100m。

油气藏的温度主要影响开发过程中化学药剂的选择，为此，按照油气藏温度可以划分为低温油气藏、中温油气藏、低高温油气藏、中高温油气藏、高高温油气藏、特高温油气藏，具体划分范围如表 2-4 所示。

表 2-4 地层温度划分界限

类型	低温	中温	高温			
			低高温	中高温	高高温	特高温
温度/℃	<70	70~80	80~90	90~120	120~150	>150

2.1.1.8 按照地层压力划分

地层压力(formation pressure)是指作用在岩石孔隙流体(油气水)上的压力，也叫地层孔隙压力，用 p_p 表示。在各种地质沉积中，地层压力分为正常压力和异常压力两种类型。

1. 正常地层压力

正常地层压力(normal pressure)等于从地表到地下某处的连续地层水的静液压力(可用 p_n 表示)，压力系数为 0.9~1.1，如图 2-9 所示。此时地层压力的数值大小与沉积环境有关，主要取决于孔隙内流体的密度和环境温度。若地层水为淡水(密度小于 1.02g/cm³)，则正常地层压力梯度(用 G_p 表示)为 0.01MPa/m；若地层水为盐水，则正常地层压力梯度随地层水含盐量的大小而变化。典型的盐水质量分数为 8%，密度为 1.07g/cm³，其压力梯度为 0.0105MPa/m。石油钻井中遇到的地层水多数为盐水。

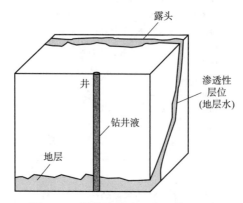

图 2-9　钻井液静液压力和地层压力

2. 异常地层压力

异常地层压力是指地层压力大于或小于正常地层压力范围的现象，表现为压力异常，压力系数大于 1.1 或小于 0.9。超过正常压力的地层压力($p_p > p_n$)称为异常高压(overpressure)，而低于正常压力的地层压力($p_p < p_n$)称为异常低压(underpressure)，压力梯度小于 0.01MPa/m。图 2-10 给出了异常压力地层的深度—压力关系图。

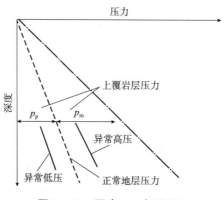

图 2-10　深度—压力关系图

按照地层压力，油气藏可划分为正常压力油气藏、异常高压油气藏、异常低压油气藏。图 2-11 给出了不同压力系统的油气藏示意图。

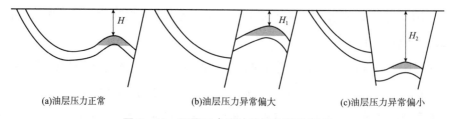

图 2-11　不同压力系统的油气藏示意图

有时，还可以油藏压力与饱和压力的大小对油藏进行划分。饱和压力（saturated pressure）是指在地层条件下原油中的溶解气开始分离出来时的压力，有时也称泡点压力（bubble pressure）。当油藏压力高于泡点压力时，该油藏称作未饱和油藏；当油藏压力低于泡点压力时，该油藏称作饱和油藏。

2.1.2 油气藏类型的命名方法

油藏类型命名方法如下：根据油藏地质特征、流体性质及其分布、渗流物理特性、天然能量和驱动类型等多种因素，采用多因素主、次命名法，次要因素在前，主要因素在后，依序排列。其命名原则如下。

1. 最主要因素构成基本类型名称

①考虑原油性质，将常见的高、中、低黏油略去，得到油藏基本类型名称，如：稠油油藏、凝析油气藏、挥发油油藏、高凝油油藏；

②考虑圈闭，将其中对开发影响最大的因素——断块圈闭单列出来，得到油藏基本类型名称——断块油藏，其余略去；

③考虑岩性，得到油藏基本类型名称，如砂岩油藏、砾岩油藏、碳酸盐岩油藏、泥岩油藏、火山碎屑岩油藏、喷出岩油藏、侵入岩油藏、变质岩油藏。

2. 较主要因素冠在基本名称之前构成大类名称

①上述基本类型油藏，除砂岩油藏外，其他储量都较小，因此这些基本类型就作为油藏大类；

②我国砂岩油藏分布最广，储量最大，类型最多，因此有必要把其划分为若干个大类，依次考虑将渗透性，油、气、水产状，储集层形态冠在砂岩油藏之前构成大类名称。

3. 其次的因素冠在大类名称之前构成亚类名称

如克拉玛依油田简单命名为砾岩油藏，详细命名为边水层状未饱和砾岩油藏。喇萨杏油田、胜坨油田简单命名为砂岩油藏，详细命名为高饱和边水层状砂岩油藏。扶余油田简单命名为低渗透油藏，详细命名为带裂缝砂岩低渗透油藏。

2.1.3 不同类型油藏的开发措施

各类油气藏开发过程中，需根据油藏特点制定针对性开发措施，注重技术工艺创新，提高油藏开发效果。

1. 整装中高渗透砂岩油藏

该类油藏一般不具备充分的天然水驱条件，必须采用高效率的注水技术。后期可采用气驱、化学驱等方法提高采收率。针对油藏特点，实施酸化、压裂等增产措施。

2. 低渗透砂岩油藏

以压裂、酸化为主，提高油藏渗透率。采用小井距、密井网开发方式，加大注水力度，提高水驱效果。

3. 裂缝性砂岩油藏

重点关注裂缝发育方向，实施针对性压裂、酸化措施。合理布置井网，要考虑沿裂缝走向部署注水井，提高注水指向性，增加油藏接触面积。掌握合适的注水强度，防止水窜。

4. 砾岩油藏

采用大剂量压裂、酸化技术，提高油藏渗透率。注重井位选择，优化井网布局，提高开采效果。

5. 气顶油藏

根据气顶高度、压力等参数，实施气顶驱油、水驱油等方法。控制气顶影响，提高油藏开发效果。

6. 边底水油藏

注重水位控制，实施合理注水方案。防止水体侵入，提高油藏开发稳定性。

7. 高凝油和高含蜡油藏

采用热力驱油、化学驱油等方法。关注油藏凝固点、含蜡量，实施相应温度控制措施。

8. 凝析气藏

根据凝析气藏特点，实施气体回收、轻烃回收等工艺。注重井网优化，提高气藏开发效果。

9. 碳酸盐岩油藏

采用酸化、压裂等增产措施。关注油藏岩性、裂缝发育情况，优化井位布局。

10. 稠油油藏

采用热力驱油、化学驱油等方法。注重油藏温度控制，提高稠油流动性。

11. 页岩油气藏

实施水平井、分段压裂等关键技术。关注页岩气藏岩石特性，提高气藏开发效果。

12. 煤层气藏

采用煤层气开采技术，如钻井、压裂等。关注煤层气藏压力、煤层厚度等因素，提高气藏开发效益。

2.1.4 油气藏类型描述要求

根据油气藏地质特征研究结果，结合油气藏压力系统和油气藏流体分布规律研究结果，认清油气藏数及纵向分布情况，油气藏范围，含油气高度，油气、油水界面，气顶范围及大小，边、底水的水体范围，驱动方式(类型)。根据油气藏这些总的情况和有关标准，对油气藏类型做出准确判断。如受岩性控制的边水层状带气顶过饱和常温异常高压复杂断块稀油油藏。

2.2 油气藏地质特征评价

2.2.1 构造及断裂特征评价

1. 构造

描述油藏的构造类型、形态、倾角、闭合高度、闭合面积、构造被断层复杂化程度、构造对油藏的圈闭作用等。

2. 断层

要求说明主要断层条数、断层名称、断层级别，描述主要断层的分布状态、密封程度、延伸距离、钻遇井的井号及断层要素等，说明断层与圈闭的配合关系以及断层对流体分布、流动的作用。

3. 裂缝

利用岩芯观察和测井方法描述裂缝性质、产状及其空间分布、密度、开度、裂缝中的填充矿物及填充程度、含油产状、裂缝与岩性的关系等，利用铸体薄片、荧光薄片等确定微裂缝的分布及其面孔率。

2.2.2 地层特征评价

根据油田全套地层的地质时代、岩石组合、厚度变化、地层接触关系、古生物、沉积旋回性及标准层等，对于影响钻井及地面流程建设的特殊地层、岩层等加以特别描述。

以岩芯资料为基础，以测井曲线形态为依据，充分考虑层间接触关系，结合沉积相在垂向上的演变层序，在区域地层层序划分和含油气层系划分的基础上，将含油气层段划分为不同旋回性沉积层段。在此基础上结合隔层条件、压力系统、油气水系统划分油层层组。

(1)描述标志层及辅助标志层岩性及电性特征，建立油气层对比标准剖面。

(2)对比油气层组，说明油气层组厚度在平面上的变化规律；对比砂岩组，对砂体分布、油气层分布进行描述和评价。

(3)确定隔层岩性、物性，分别描述层组之间隔层及砂组内小层之间的隔层厚度分布，对于小层之间上下无隔层的井，应在相应的层位给予标明。

2.2.3 储层特征评价

储层的层位、类型、发育特征、内部结构、分布范围以及物性变化规律等，是控制地下油气分布状况、油层储量及产能的重要因素。同时在油气田开发过程中，对储集层进行改造，变低产油气层为高产油气层时，也需要研究油气储集层的变化。

储层主要研究内容包括沉积相、储层岩石组成及成岩作用、储层物性、微观孔隙结构、储层敏感性、储层分类评价等。

2.2.4 流体分布及性质评价

分析录井、测试、试油等多种资料，确定油气水界面及含油气边界，分析油气水系统及其控制因素，根据流体性质分析结果，判断油藏流体类型。

2.2.4.1 生产井试油测试

油井完井之后，必须将地层中的石油、天然气和水诱导向地面，并通过专门的测试程序获取相关数据，这一过程被称为试油。通过油水井的测试，可以直接获得关于油水井产量的数据和流体样本。测试手段包括地面常规测试和井下地层测试器的使用，所获取的数据涵盖产能数据、压力和温度信息、油气水样本以及原油含砂量等资料。在生产井试油过程中，首先需要降低井筒中液柱的压力，从而使得井底压力低于油层压力，进而产生压差，以诱导油气流入井内。这一过程被称为诱导油流。

2.2.4.2 地层流体高压物性

根据不同的取样时间，以表格形式记录地层流体(原油、天然气和地层水)的高压物性。

原油的常规参数包括相对密度、黏度、凝固点、含盐量、含蜡量、含水量、含硫量、烷烃含量、芳烃含量、沥青质含量、非烃含量、含砂量等。原油的高压物性包括地层体积系数、气油比、气体平均溶解系数、收缩率、地下密度、地面密度、压缩系数、热膨胀系数、地下黏度等。

天然气的参数包括相对密度、各组分组成等。地层水的参数包括各离子组成、总矿化度、水型、pH 值、硬度等。

当测试参数不足时，可以查找经验公式进行估算。

2.2.5 天然能量评价

油藏天然能量主要来源包括地层水体(边水和底水)的弹性能、气顶气的膨胀能、溶解气的膨胀能、流体和岩石的弹性能、原油的重力位能。这些能量的作用形式是综合性的。油藏天然能量判断可以用无因次弹性产量比值 N_{pr} 和单储压降 D_{pr} 进行分析评价。

1. 无因次弹性产量比值

无因次弹性产量比值 N_{pr} 是指压力下降对应的累计采油量与压力下降对应的理论弹性

产量之比。其定义式为:

$$N_{pr} = \frac{N_p B_o}{N c_t^* (p_i - \bar{p}) B_{oi}}$$ (2-2)

式中,N_{pr} 为无因次弹性产量比值;N_p 为压力下降 Δp 时的累计采油量,$10^4 m^3$;B_o 为压力下降 Δp 时的原油地层体积系数(oil formation volume factor),m^3/m^3;N 为原始原油地质储量,$10^4 m^3$;B_{oi} 为原始原油地层体积系数,m^3/m^3;c_t^* 为综合压缩系数,$10^{-4} MPa$,$c_t^* = c_o + \frac{c_f + c_w S_{wc}}{1 - S_{wc}}$;$p_i$ 为原始地层压力,MPa;$\bar{p}$ 为平均地层压力,MPa。无因次弹性产量比值越小,反映储层天然能量越不充足。

2. 单储压降

单储压降是指每采出 1% 地质储量的压降值,其定义式为:

$$D_{pr} = \frac{\Delta p}{R} = \frac{(p_i - \bar{p})N}{N_p}$$ (2-3)

式中,D_{pr} 为单储压降,MPa/%;R 为压力下降 Δp 时的原油采出程度,%。单储压降越小,反映储层天然能量越充足。

表 2-5 是油藏无因次弹性产量比值和单储压降的评价标准,可以将油藏天然能量评价指标分为四个等级。

表 2-5 油藏天然能量评价标准

分级	充足	较充足	有一定能量	不充足
N_{pr}	大于 30	10~30	2~10	小于 2
$D_{pr}/(MPa/\%)$	小于 0.2	0.2~0.5	0.5~2.5	大于 2.5

2.2.6 油井产能与注水井吸水能力评价

2.2.6.1 油井产能评价

生产井的系统测试是矿场获取生产井产能的一种常用方法。该方法包括改变生产井的工作制度,并在生产达到稳定流动状态时测量相应的产油量、产气量、产水量、含砂量、流压等数据。试油资料主要包括稳定试井曲线和指示曲线。

1. 稳定试井曲线

通过分析系统试井曲线,可以确定油井的合理工作制度。通过比较不同直径油嘴下的生产指标,如产油量、气油比、含水量和含砂量等,可以选择出产油量较高、气油比、含水量和含砂量较低的工作制度,如图 2-12 所示。

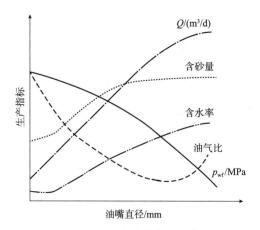

图 2 - 12　系统试井曲线示意图

2. 指示曲线

指示曲线反映了油井产量与生产压差之间的关系。对于不完善的井，平面径向稳定渗流的产量公式可以简化为：

$$Q = J_o(\bar{p} - p_w) = J_o \Delta p \qquad (2-4)$$

式中，Q 为原油产量，t/d；$\bar{p}$ 为平均地层压力，MPa；p_w 为井底压力，MPa；Δp 为生产压差，即生产井静压与井底流压的差值，MPa；J_o 为采油指数（productivity index），即单位时间单位生产压差下的产量，$t/(MPa \cdot d)$。

由公式(2-4)可以看出，平面径向稳定渗流油井的产量与生产压差之间存在直线关系。通过油井测试得到的产量与生产压差变化的曲线即为指示曲线（图 2-13），通过回归分析可以求得直线的斜率，即采油指数。

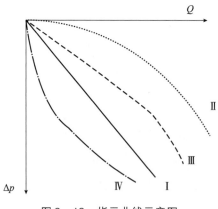

图 2 - 13　指示曲线示意图

采油指数是衡量油井产能的重要指标，指数越大，油井的产能越高。根据实测的采油指数，可以计算出不同生产压差下的产量，或者进一步得到单位有效厚度（unit pay thickness）下的产油量，即采油强度。

2.2.6.2　注水井吸水能力评价

在注水井从完钻到正常注水之前，需要进行试注。试注的主要目的是评估地层的注水能力，并根据所需的注入量来确定合适的注入压力。为了进行准确的试注，需要进行注水井测试，以便记录注水压力和注入量，进而计算出地层的吸水指数（water injectivity index）。如果油层的吸水效果不佳，可以采取酸化压裂等增产措施提高注水能力。

注水井指示曲线是描述在稳定流动条件下注入压力与注水量之间关系的曲线，通常呈一条直线。这条曲线能够正确反映地层的吸水规律和吸水能力（water injectivity）。通过对比不同时间点所获取的指示曲线，可以监测油层吸水能力的变化情况。

吸水指数是一个关键的参数，定义为单位注水压差下的日注水量。其表达式为：

$$Q_i = I_w(p_w - \bar{p}) = I_w \Delta p \tag{2-5}$$

式中，Q_i 为日注水量，t/d；$\bar{p}$ 为平均地层压力，MPa；Δp 为注水压差，即注水井流压与注水井静压之差，MPa；I_w 为吸水指数，t/(MPa·d)。

吸水指数直接反映了地层吸水能力，是评估油藏注水效果的重要指标。

2.3　油气藏储量评价

2.3.1　油气储量概述

2.3.1.1　地质储量的概念

地质储量指油气藏内所包含油、气的量，即原始原油地质储量（original oil in place，缩写为 OOIP）。地质储量可归纳为以下三种。

（1）绝对地质储量。凡是有油气显示（包括不能流动）的原油的储量。

（2）可流动地质储量。凡是相对渗透率大于零，即在最大的生产压差下，可以流动的原油，包括只见油花的地质储量。

（3）可采地质储量。在现有的技术经济条件下，有可能开采的原油的地质储量，随技术经济条件而发生改变。

我国目前计算的储量通常指的是可采地质储量。

2.3.1.2　地质储量分级

在整个油田勘探开发过程中，随着掌握的资料不断增多，对油气田的认识程度不断深入，各项储量参数的准确程度不断提高，储量级别逐步提高。目前油田地质储量分级体系有很多，包括世界石油大会推荐的储量分级标准、中国油气储量分类体系（CCPR）、美国石油工程师协会提出的油气资源管理系统(SPE PRMS)等，如表2-6所示。

表2-6 油气地质储量分级

	Discovered(已发现的)				Undiscovered(待发现的)
世界石油大会(WPC)推荐	Proved(证实的)		Unproved(未证实的)		Speculative(推测的)
	Developed(已开发的)	Undeveloped(未开发的)	Probable(概算的)	Possible(可能的)	
中国现规范	探明储量		控制储量	预测储量	远景资源量
	已开发(Ⅰ类)	未开发(Ⅱ类)			
美国石油工程师学会(SPE)推荐	Proved(证实的)		Probable or Indicated(概算或推测)	Possible or Inferred(可能或推测)	Hypothetical Speculative(假定+推测)
	Developed(已开发)	Undeveloped(未开发)			

CCPR 的储量分类主要基于油气资源(resource)的开发状态，即是否已经开发、是否可控、是否需要进一步的勘探等，而 SPE PRMS 则更侧重于资源的可靠性、可采性和经济性，即更注重资源的不确定性和风险评估。此外，SPE PRMS 的分类体系中包含了证实储量的概念，这是一个基于严格证据和信心水平的分类，而 CCPR 的分类体系中没有这样的明确区分。

在我国，各油田上报储量信息时采用 CCPR 方法，将储量划分为已开发探明储量、未开发探明储量、控制储量和预测储量。

1. 已开发探明储量

在已经开发或正在开发的油藏中，通过生产历史和当前的生产数据可以可靠地估算剩余可采油气资源量。这些资源已经在油田的开发计划中得到考虑，并且可以通过现有的开发设施进行生产。

2. 未开发探明储量

在已经探明，但尚未进行开发或正在开发的油藏中，通过地质和工程数据可以可靠地估算剩余可采油气资源量。这些资源尚未在油田的开发计划中得到考虑，但预计可以在未来的开发计划中进行生产。

3. 控制储量

在已探明油藏的边缘或相邻区域，通过地质和工程数据可以合理地估算油气资源量。这些资源的存在和数量需要进一步的勘探和开发活动来证实。

4. 预测储量

在未探明油藏的区域内，通过地质数据可以合理地估算油气资源量。这些资源的存在和数量需要进一步的勘探活动来证实。

2.3.2 地质储量计算方法

目前大多数国家油气田地质储量计算采用的方法有利用静态资料计算的类比法、容积法，利用动态资料计算的物质平衡法、产量递减法、压降法等，如图 2 - 14 所示。

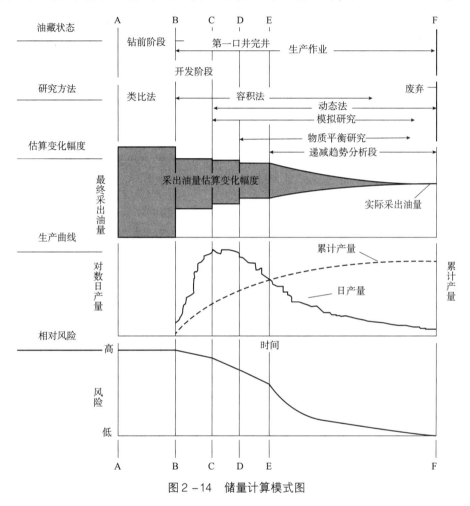

图 2 - 14　储量计算模式图

对于油气田储量的计算方法，应当依据油气田的地质特性和开发经验来选取合适的技术路线。

1. 类比法

在油气田的勘探初期，由于资料的限制，可以采用类比法来进行储量估算。类比法（analogy method）是利用相类似油气田的储量已知参数，类推尚不确定的油气田储量。

2. 容积法

随着油气田开发资料的积累，当油气藏的含油面积被圈定，油层的有效厚度（effective pay thickness）、孔隙度、含油饱和度等关键参数得到确定时，容积法（volumetric method）成为一种适用且广泛采用的储量计算手段。对于水驱或注水开发的油田，容积法是计算储量的唯一方法。

3. 动态法

物质平衡法基于物质守恒定律，适用于无外来气体或水体侵入的油气藏，且在压降较为显著时效果更为显著。而产量递减法主要应用于油田压力下降且产量逐渐减少的情况。压降法则是针对气田中存在明显压降现象时，计算储量的一种常用方法。

本节主要介绍类比法和容积法的储量计算方法，有关动态法将在第 5 章中进行详细介绍。

2.3.2.1 原油储量计算

容积法是根据地下储层的含油体积来计算石油储量。因此，根据含油面积和油层有效厚度算出含油岩层的总体积，再根据油层有效孔隙度和原始含油饱和度算出含油体积，即石油地质储量。

目前主要采用地面原油的质量来表示原始原油地质储量(original oil in place, 缩写为OOIP)。计算公式为:

$$N = \frac{100Ah\phi S_{oi}\rho_{osc}}{B_{oi}} = \frac{100Ah\phi(1 - S_{wc})\rho_{osc}}{B_{oi}} \qquad (2-6)$$

式中，N 为原始原油地质储量，10^4t; A 为含油面积，km^2; h 为油层有效厚度，m; ϕ 为油层有效孔隙度，小数; S_{oi} 为原始含油饱和度(initial oil saturation)，小数，$S_{oi} = 1 - S_{wc}$; S_{wc} 为束缚水饱和度(irreducible water injection)，小数; ρ_{osc} 为地面脱气原油密度，t/m^3; B_{oi} 为原始条件下的地层原油体积系数，m^3/m^3。

类比法可用于推测尚未打预探井的圈闭构造的储量，或尚不具备计算储量各项参数的构造。类比法可分为储量丰度法和单储系数法两种。

储量丰度(abundance)是指单位面积控制的原始原油地质储量，其计算公式为:

$$\Omega_o = \frac{N}{A} = \frac{100h\phi(1 - S_{wc})\rho_{osc}}{B_{oi}} \qquad (2-7)$$

式中，Ω_o 为储量丰度，10^4t/km^2。

单储系数(single net pay factor)是指单位体积控制的原始原油地质储量，其计算公式为:

$$SNF = \frac{N}{V} = \frac{100\phi(1 - S_{wc})\rho_{osc}}{B_{oi}} \qquad (2-8)$$

式中，SNF 为单储系数，10^4t/($km^2 \cdot m$)。

在利用类比法取得相类似油藏的储量丰度或单储系数之后，分别乘上目标油藏的含油面积或油藏体积，即可得到估算的原始原油地质储量。

📝 课堂例题 2-1

某含油面积为 $6km^2$ 的油藏，含有三组地层，三组地层的基本性质见例表 2-1。

例表2-1 例题2-1中三组地层的基本性质

砂层组	砂层厚度/ m	油层厚度/ m	孔隙度/ %	原始含水饱和度/ %	平均渗透率/ μm²	原油地下黏度/ mPa·s
1	12	10	20	40	0.10	50
2	7	5	20	40	0.15	60
3	20	15	25	40	0.60	3

已知原油体积系数1.12，地面原油密度0.85t/m³，计算该油藏的地质储量和单储系数。

解：

$$N = \frac{A\phi h(1-S_{wc})\rho_{osc}}{B_o} = \frac{6000000 \times (10\times0.2+5\times0.2+15\times0.25)\times(1-0.4)\times0.85}{1.12} = 1844\times10^4 t$$

$$SNF = N/V = 10.2\times10^4 t/(km^2\cdot m)$$

2.3.2.2 天然气储量计算

目前主要采用地面天然气的体积来表示原始天然气地质储量。计算公式为：

$$G = \frac{0.01Ah\phi S_{gi}}{B_{gi}} \qquad (2-9)$$

式中，G 为原始天然气地质储量(original gas in place，缩写为OGIP)，$10^8 m^3$；S_{gi} 为原始含气饱和度，小数；B_{gi} 为原始条件下的地层天然气体积系数，m^3/m^3。

由于

$$B_{gi} = \frac{V}{V_{sc}} = \frac{p_{sc}Z_i T}{p_i T_{sc}} \qquad (2-10)$$

则：

$$G = 0.01Ah\phi S_{gi}\frac{T_{sc}}{T}\frac{1}{p_{sc}}\frac{p_i}{Z_i} \qquad (2-11)$$

式中，V 为地下天然气体积，m^3；V_{sc} 为地面天然气体积，m^3；p_{sc} 为地面标准压力，MPa；T 为地层温度，K；T_{sc} 为地面标准温度，K；Z_i 为在 p_i 和 T 条件下的气体偏差因子，无量纲。气体偏差因子(gas deviation factor)可以通过查 Standing-Katz(SK)图版(图2-15)进行求解。

$$p_{pr} = \frac{p_i}{p_{pc}} \qquad (2-12)$$

$$T_{pr} = \frac{T}{T_{pc}} \qquad (2-13)$$

式中，p_{pr} 为拟对比压力，无量纲；p_{pc} 为拟临界压力，MPa；T_{pr} 为拟对比温度，无量纲；T_{pc} 为拟临界温度，K。

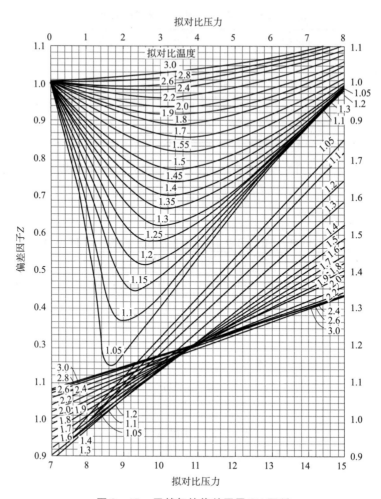

图 2 − 15　天然气的偏差因子 SK 图版

气田的地质储量丰度和单储系数分别为：

$$\Omega_g = 0.01 h\phi S_{gi} \frac{T_{sc}}{T} \frac{1}{p_{sc}} \frac{p_i}{Z_i} \qquad (2-14)$$

$$SGF = 0.01 \phi S_{gi} \frac{T_{sc}}{T} \frac{1}{p_{sc}} \frac{p_i}{Z_i} \qquad (2-15)$$

式中，Ω_g 为储量丰度，$10^8 m^3/km^2$；SGF 为单储系数，$10^8 m^3/(km^2 \cdot m)$。

当气藏的废弃压力(abandonment pressure)确定时，可以根据公式(2−11)求出定容封闭气藏的可采储量，

$$G_R = 0.01 Ah\phi S_{gi} \frac{T_{sc}}{T} \frac{1}{p_{sc}} \left(\frac{p_i}{Z_i} - \frac{p_a}{Z_a} \right) \qquad (2-16)$$

式中，G_R 为可采天然气储量，$10^8 m^3$；p_a 为定容封闭气藏的废弃压力，MPa；Z_a 为油藏废弃压力条件下的偏差因子，无量纲。

📝 **课堂例题 2 − 2**

某气田平均有效厚度为 9.14m，有效孔隙度 0.15；原始含气饱和度 0.70；原始地层压力 20.68MPa，地层温度 358.6K，$T_{sc}=293K$；$p_{sc}=0.101MPa$，相对密度 0.6。天然气的拟临界压力和拟临界温度由经验公式确定，试求气田的丰度和单储系数。

$$\gamma_g \geq 0.7: \quad p_{pc}=4.8815-0.3861\gamma_g$$
$$T_{pc}=92.2222+176.6667\gamma_g$$
$$\gamma_g < 0.7: \quad p_{pc}=4.7780-0.2482\gamma_g$$
$$T_{pc}=92.2222+176.6667\gamma_g$$

解：

(1) 计算拟临界压力和拟临界温度

$$p_{pc}=4.7780-0.2482\gamma_g=4.629MPa$$
$$T_{pc}=92.2222+176.6667\gamma_g=198.222K$$

(2) 求拟对比压力和拟对比温度

$$p_{pr}=\frac{p_i}{P_{pc}}=\frac{20.68}{4.629}=4.468$$
$$T_{pr}=\frac{T}{T_{pc}}=\frac{358.6}{498.222}=1.809$$

(3) 查图版(图 2 − 15)，得到油藏条件下偏差因子为 0.90。

(4) 计算气田丰度和单储系数

$$\Omega=0.01h\phi S_{gi}\frac{T_{sc}}{T}\frac{1}{p_{sc}}\frac{p_i}{Z_i}$$
$$=0.01\times 9.14\times 0.15\times 0.7\times\frac{293}{358.6}\frac{1}{0.101}\frac{20.684}{0.9}$$
$$=1.784\times 10^8 m^3/km^2$$
$$SGF=\Omega/h=1.784\times 10^8/9.14$$
$$=0.195\times 10^8 m^3/(km^2\cdot m)$$

2.3.2.3 凝析油储量计算

凝析气田在原始油层条件下呈单相状态，应分别计算出凝析气藏中的干气和凝析油的原始地质储量。

(1) 在原始油层条件下，凝析气藏总物质的量：

$$G_t=\frac{0.01Ah\phi S_{gi}}{B_{gi}} \tag{2-17}$$

式中，G_t 为凝析气藏的总原始地质储量，$10^8 m^3$。

(2) 凝析气藏中的干气的地质储量：

$$G_d = G f_g \qquad (2-18)$$

式中，G_d 为干气的原始地质储量，$10^8 m^3$；f_g 为凝析气藏干气的摩尔分数。

$$f_g = \frac{n_g}{n_g + n_o} = \frac{\dfrac{GOR}{24.056}}{\dfrac{GOR}{24.056} + \dfrac{1000\gamma_o}{M_o}} = \frac{GOR}{GOR + \dfrac{24056\gamma_o}{M_o}} \qquad (2-19)$$

式中，n_g 为干气摩尔数，mol；n_o 为凝析油摩尔数，mol；GOR 为生产（原始）气油比，m^3/m^3；γ_o 为凝析油的相对密度，无量纲；M_o 为凝析油的相对分子质量，kg/kmol。

当缺少凝析油取样分析的相对分子质量时，可由以下经验公式进行计算，

$$M_o = \frac{44.29\gamma_o}{1.03 - \gamma_o} \qquad (2-20)$$

（3）凝析气藏中的凝析油的地质储量：

$$N_o = \frac{10^4 G_d \gamma_o}{GOR} \qquad (2-21)$$

式中，N_o 为凝析油的原始地质储量，$10^4 t$。

2.3.3　地质储量评价

储量计算除了要求计算的储量准确外，还应对石油储量的质量进行评价，因为石油储量的质量直接影响投资、产量、成本、经济效益。表2-7给出了油气藏储量评价结果。

表2-7　油气藏储量评价结果

评价参数	油田		气田	
	指标范围	评价结果	指标范围	评价结果
地质储量	$>10 \times 10^8 t$	特大型油田	$>1000 \times 10^8 m^3$	特大型气田
	$(1 \sim 10) \times 10^8 t$	大型油田	$(300 \sim 1000) \times 10^8 m^3$	大型气田
	$(0.1 \sim 1) \times 10^8 t$	中型油田	$(50 \sim 300) \times 10^8 m^3$	中型气田
	$<0.1 \times 10^8 t$	小型油田	$(5 \sim 50) \times 10^8 m^3$	小型气田

值得注意的是，即便是在规模相近的储量条件下，油藏的开发投入、生产水平、运营成本以及经济回报也可能存在显著的差异。通常情况下，那些原油品质优良、储层物性良好、埋藏较浅、储量丰度较高的油藏，能够实现较高的产量、较低的投资、较小的成本，从而获得更好的经济效益。相反，原油品质较差、储层物性较差、埋藏较深、储量丰度较低的油藏，其产量往往较低、投资需求较高、成本较重、经济效益较差，部分情况下甚至不具备商业开采的价值。因此，在进行储量计算的同时，必须对储量进行全面的综合评价和技术经济分析。

储量综合评价通常涉及储量规模、储量丰度、产油能力、原油性质、储层物性、油藏埋深等多个关键指标，以确保油藏开发决策的科学性和合理性。

2.4 油气藏驱动方式评价

油藏的开采方式可根据是否利用天然能量以及是否采取人工措施分类。当油藏仅依靠天然能量进行开采，而不实施人工注水或注气以维持地层压力时，此种开采方式被称为一次采油(primary oil recovery)。一次采油所利用的天然能量包括油层岩石和流体的弹性膨胀作用、溶解气的膨胀作用、边水和底水的压能和弹性膨胀作用、原生气顶(primary gas cap)的膨胀作用、油藏流体的重力位能作用。而二次采油(secondary oil recovery)则是指通过人工手段补充能量以提高原油采收率，如注水、注气等方法，如图2-16所示。

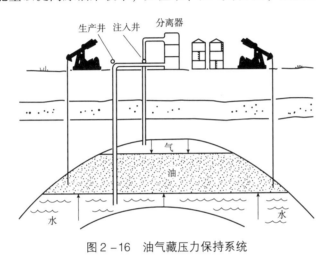

图2-16 油气藏压力保持系统

> **课堂讨论**
> 回顾三次采油的概念以及三次采油的方式与开采机理。

对于气藏而言，在投入开发后，由于生产井的生产活动，地层压力将会下降。对于具有边底水的气藏，其主要驱动能量为边水和底水的压头以及气藏内天然气和储层岩石与束缚水的弹性膨胀作用。在相似的地质条件下，与水驱气藏相比，定容消耗式气藏的采收率可能会高出约一倍。水驱的活跃程度对气藏的采收率影响显著。鉴于气藏的驱动机理相对简单，本节将主要讨论油藏的驱动机理和驱动方式。

2.4.1 驱动方式的定义

油藏的驱动方式是指在某种驱动能量下的驱动过程，是全部油层工作条件的综合。因此，研究油藏的驱动能量(driving energy)和驱动方式时，不仅要深入研究油层本身的特性和行为，还要从油藏所处的水文地质系统的角度出发，探讨油藏与水文地质系统之间的内在联系。

不同油田之间、同一油田内不同油藏之间，以及同一油藏不同开发阶段，其驱动方式可能存在差异。驱动方式的主要表征指标包括油藏压力(p)、产油量(Q_o)、生产气油比(R_p)。因此，驱动方式直接影响到注采井的选择、井网布局、开发制度的制定，以及单井的工作制度，从而影响油藏的最终采收率。反过来，开采速度和总采液量也会对油藏的驱动方式产生影响。

在油田开发初期，应当依据地质勘探数据、高压物性资料以及开发过程中表现出的特点，判定油藏的驱动方式。在油田投入开发后，原有的驱动方式可能会因开发条件的改变而发生变化。因此，需要定期研究油田的生产特征(即各项开发指标的变化)，以判断驱动方式的变化，并据此准确地确定当前的驱动方式。

2.4.2 油藏驱动类型及开采特征

2.4.2.1 弹性驱动油藏

弹性驱动(elastic drive)是指依靠液体和岩石的弹性膨胀能量驱油的驱动方式。其驱动机理主要包括地层压力下降导致的岩石孔隙体积减小和液体发生膨胀体积增大。在该种驱动方式下，油藏应符合以下几个方面的条件：①无边底水或水体不活跃；②无原生气顶；③开采过程中油藏压力高于饱和压力。

弹性驱动油藏生产特征主要表现为：①地层压力不断下降；②产油量不断下降；③生产气油比保持不变。其开采特征曲线如图 2-17 所示。

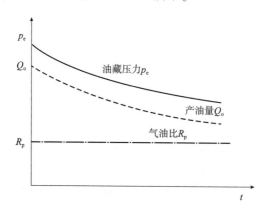

图 2-17　弹性驱动油藏开采特征曲线示意图

弹性驱动方式一般出现在封闭油藏、断块油藏、地饱压差较大油藏、海上油田、复杂地貌及注水条件差的油田。

2.4.2.2 溶解气驱油藏

溶解气驱(solution gas drive)是指依靠分离出的溶解气的膨胀能量驱油的驱动方式。其驱动机理主要包括溶解气以气泡的形式从原油中分离和引起地层流体体积膨胀。在该种驱动方式下，油藏应符合以下几个方面的条件：①无边底水或水体不活跃；②无原生气顶；③开采过程中油藏压力低于饱和压力。

弹性驱动油藏生产特征主要表现为：①地层压力不断下降；②产油量以较快速度下降；③生产气油比开始略微下降，然后上升很快，达到峰值后又很快下降。其开采特征曲线如图 2 - 18 所示。

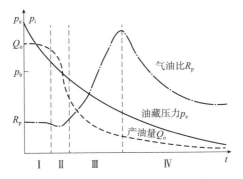

图 2 - 18　溶解气驱动油藏开采特征曲线示意图

课堂讨论

分析溶解气驱油藏开采过程中生产气油比各阶段变化的原因。

2.4.2.3　水压驱动油藏

水压驱动(water drive)是指驱动能量主要来自与油藏相连通的外部水体时的驱动方式。水压驱动可分为刚性水驱和弹性水驱。

如果具有天然水域的储层与地面具有稳定供水的露头相连通，则可形成达到供采平衡和地层压力略降的理想水驱条件，此种情况称刚性水驱。此时地层压力基本保持不变。当边水、底水或注入水较小，不能保持地层压力不变时称弹性水驱。图 2 - 19 给出了水压驱动油藏与天然水域的连通情况示意图。

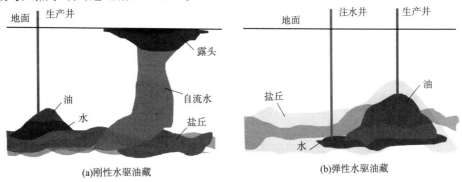

(a)刚性水驱油藏　　　　　　　　　　(b)弹性水驱油藏

图 2 - 19　水压驱动油藏与天然水域的连通情况示意图

1. 刚性水驱

刚性水驱(rigidity water drive)是指依靠边水或底水(或注入水)能量驱油的驱动方式。在该种驱动方式下,油藏应符合以下几个方面的条件:①油藏有边底水(或注入水),且油层与边底水相连通;②水层有露头,且存在良好的供水源,与油层有一定的高度差;③油水之间没有断层遮挡,连通性较好;④开采过程中油藏压力基本保持不变。

刚性水驱油藏生产特征主要表现为:①地层压力不变;②产液量不变,但油井见水后产油量急剧下降;③生产气油比始终不变。其开采特征曲线如图2-20(a)所示。

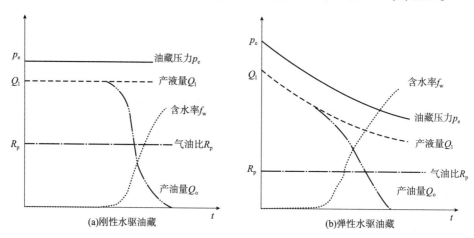

图2-20 水压驱动油藏开采特征曲线示意图

2. 弹性水驱

弹性水驱(elastic water drive)是指依靠随着采出液体使含水区和含油区压力降低而释放出的弹性能量驱油的驱动方式。在该种驱动方式下,油藏应符合以下几个方面的条件:①油藏有边底水,但水体不活跃;②一般没有露头,或有露头但水源供应不足;③油水之间存在断层或岩性破坏的影响;④若采用人工注水,注水速度小于采液速度。

弹性水驱油藏生产特征主要表现为:①地层压逐渐下降;②产液量逐渐下降;③生产气油比始终不变。其开采特征曲线如图2-20(b)所示。

2.4.2.4 气压驱动油藏

气压驱动(gas drive)是指驱动能量主要依靠气顶的膨胀能作为驱油动力的驱动方式。若油藏进行人工注气也可以形成气压驱动。图2-21为具有原始气顶(gas-cap)的油藏的示意图。当油藏含油区的油井投入生产之后,由于含油区形成了一定的压降,引起气顶气向含油区的体积膨胀,进而驱动原油向生产井底流动。在气顶驱动油藏的有效开发中,气顶区的膨胀体积与含油区因开发的收缩体积之间保持平衡至关重要。因此,确定一个适宜的采油速度是必要的,以维持这种平衡并实现油藏的高效开发。气压驱动可分为刚性气驱和弹性气驱。

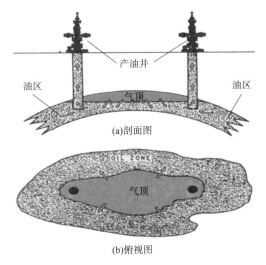

(a)剖面图

(b)俯视图

图2-21 具有原始气顶的油藏示意图

1. 刚性气驱

刚性气驱(rigidity gas drive)是指依靠人工注气或很大体积气顶提供的能量使开采过程中地层压力保持不变的气压能量驱油的驱动方式。在该种驱动方式下,油藏应符合以下几个方面的条件:①油藏有气顶(或人工注气);②油藏无边底水,无人工注水;③开采过程中油藏压力基本保持不变,始终等于饱和压力。

刚性气驱油藏生产特征主要表现为:①地层压力不变;②产油量不变,但当油气界面下移,油井气侵后产油量增加;③生产气油比始终不变,当气侵后生产气油比增加。其开采特征曲线如图2-22(a)所示。

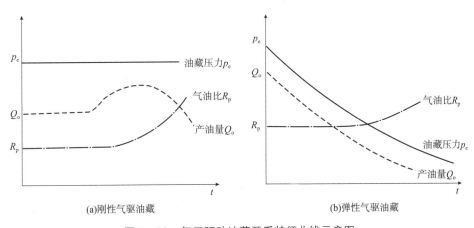

(a)刚性气驱油藏

(b)弹性气驱油藏

图2-22 气压驱动油藏开采特征曲线示意图

2. 弹性气驱

弹性气驱(elastic gas drive)是指依靠小体积气顶提供的能量且开采过程中地层压力逐渐消耗的气压能量驱油的驱动方式。在该种驱动方式下,油藏应符合以下几个方面的条件：①油藏有气顶，无人工注气；②油藏无边底水，无人工注水；③开采过程中油藏压力逐渐下降；④原油靠气压驱动。

弹性气驱油藏生产特征主要表现为：①地层压力逐渐下降；②产油量逐渐下降；③生产气油比不断上升。其开采特征曲线如图 2-22(b) 所示。

2.4.2.5　重力驱动油藏

对于一个无原始气顶和边(底)水的饱和或未饱和油藏，当其油藏储层的向上倾斜度比较大时，就能存在并形成重力驱的机理，如图 2-23 所示。重力驱动(gravity drive)是指依靠自身重力将原油泄流到井底的驱油方式。在该种驱动方式下，油藏应符合以下几个方面的条件：①油藏处于开发末期，弹性能量不足；②油层倾角大；③厚度大；④地层渗透性好。

重力驱动油藏生产特征主要表现为：①地层压力逐渐下降；②产油量在油气界面达到油井以后逐渐降低，基本处于无水采油期；③生产气油比基本不变。其开采特征曲线如图 2-24 所示。

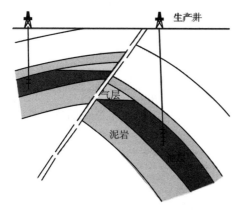

图 2-23　重力驱动油藏示意图

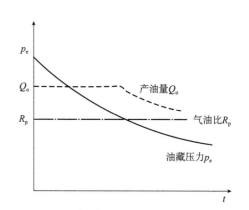

图 2-24　重力驱动油藏开采特征曲线示意图

2.4.2.6　综合驱动油藏

对于一个实际开发的油藏，不可能只有一种驱动机理作用，而往往是两种、三种甚至更多驱动机理同时作用。这时油藏的驱动类型为综合驱动(combination drive)。应该指出的是，在综合驱动条件下，某一种驱动机理占据支配地位，不同驱动机理及其组合与转化，对油藏的采收率会产生明显的影响。

在确定油藏饱和类型的前提下，可以根据油藏的原始边界条件，即有无边水、底水和气顶存在，以及作用于地层中的油、气渗流的驱动力情况，对油藏的天然驱动类型进行划分，如表 2-8 所示。

表 2-8 不同油藏类型的驱动方式

饱和类型	边界类型	驱动类型
未饱和油藏	封闭	弹性驱动
	不封闭，有边底水	弹性水压驱动
饱和油藏	无气顶，无边底水	溶解气驱
	无气顶，有边底水	溶解气驱和天然水水驱综合驱动
	有气顶，无边底水	溶解气驱和气顶驱综合驱动
	有气顶，有边底水	气顶驱、溶解气驱和天然水水驱综合驱动

在测算出油藏的天然水侵量(W_e)和气顶指数(m)后，可以采用物质平衡方程计算综合驱动指数。有关物质平衡方法的具体应用将在第5.2节详细介绍。

2.4.3　驱动方式的转换

油藏的天然驱动能量是油藏自身特性之一，可通过地质勘探资料和原油的高压物性实验来识别。随着油田的开发和生产，可以根据不同驱动方式下的生产特征来分析和判断油藏所处的驱动能量类型，此时生产特征可能表现出复杂的动态。在这种情况下，需要识别主导的驱动方式。

此外，油藏的驱动方式并非固定不变，可能随着开发进程和措施的调整而变化。如在同一油田内，不同油井的压力和产量可能稳定下降，而其他油井的压力、产量和气油比可能不稳定，还有一些油井的压力和产量持续下降，气油比则急剧上升。这些现象表明，即使在同一油田内，不同地区和不同油井之间也存在动态差异。因此，应当根据具体的实际情况来调整和转换开发方式，以确保开发方式和油藏的驱动方式适应最优驱动条件，或促进向有利于提高采收率的驱动方式转变。表2-9给出了不同驱动方式油藏的采收率变化范围。API(美国石油协会)基于72个水驱油藏、80个无流体注入溶解气驱油藏、75个溶解气驱加注水油藏和13个气顶膨胀驱油藏的统计分析给出了不同驱动机理下原油采收率的对数概率分布，如图2-25所示。

表 2-9 不同驱动方式油藏的采收率

驱动方式		采收率变化范围/%	备注
一次采油	弹性驱	2~5	个别情况可达10%以上(指采出程度)
	溶解气驱	10~30	—
	气顶驱	20~50	—
	水驱	25~50	对于薄油层可低于10%，但偶尔可高达70%
	重力驱	30~70	—

驱动方式		采收率变化范围/%	备注
二次采油	注水	25 ~ 60	个别情况可以高达80%左右
	注气	30 ~ 50	—
	混相驱	40 ~ 60	—
	热力驱	20 ~ 50	一次开采的重油

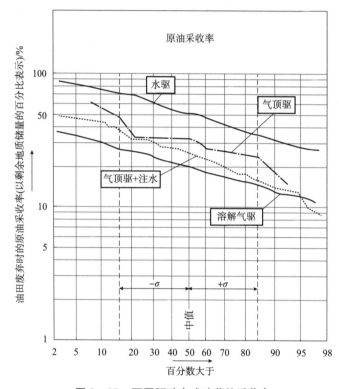

图 2 -25   不同驱动方式油藏的采收率

2.4.4   油田驱动方式的确定

驱动方式的选择和确定是油藏工程设计中必须进行深入研究和论证的关键环节之一。在选择驱动方式时，应合理利用油藏的天然能量，并有效地保持油藏的能量，以确保达到合理的开采速度和稳产时间的设计要求。

对于利用天然能量开发的油藏，预测其在开采末期的总压降必须在油藏的允许范围内。对于需要人工补充能量的油藏，应根据油藏的地质特性和开采条件确定补充能量的最佳时机。通常，油层压力不应低于饱和压力，并且应根据油藏开采的最终采收率和经济效益来进行注入剂的论证和确定。注入剂应进行室内实验，并结合地下流体的性质、储层孔隙结构、黏土矿物成分等因素，确定注入剂的标准和添加剂的类型。

2.5 油气藏开发设计基本方法

2.5.1 开发方式潜力分析

原油采收率(oil recovery)是指累计采油量占原始原油地质储量的百分比,符号为E_R。也是衡量油田开发效果和开发水平最重要的综合指标。在油田新区的开发设计过程中,通常需要预测不同开发方式下的采收率,以便为制订开发方案和选择最优开发方式提供重要参考依据。

2.5.1.1 弹性驱开发潜力分析

根据地饱压差($\Delta p = p_i - \bar{p}$)、地层及流体物性参数计算弹性采收率:

$$E_R = \frac{B_{oi} c_t^* \Delta p}{B_o} \tag{2-22}$$

式中,E_R为弹性采收率,%;B_{oi}为原始条件下的地层原油体积系数,m^3/m^3;c_t^*为综合压缩系数,10^{-4}MPa,$c_t^* = c_o + \dfrac{c_f + c_w S_{wc}}{1 - S_{wc}}$;$\Delta p$为油藏压力降,MPa;$B_o$为某一压力条件下的地层原油体积系数,$m^3/m^3$。

课堂例题 2-3

已知某油藏参数:$p_i = 14.0$MPa,$p_b = 8.0$MPa,$B_{oi} = 1.35$,$B_{ob} = 1.39$,$\mu_o = 5$mPa·s,$T = 70℃$,$\phi = 0.2$,$S_{wc} = 0.3$,$K = 0.5\mu m^2$,$c_f = 5 \times 10^{-4}$MPa^{-1},$c_w = 4.5 \times 10^{-4}$MPa^{-1}。

试求:(1)c_o,c_t^*;(2)弹性采收率。

解:

(1)由于$p_i > p_b$,该油藏为未饱和油藏。

$$\Delta p = p_i - p_b = 6\text{MPa}$$

根据油层物理知识,$B_{ob} - B_{oi} = B_{oi} c_o \Delta p$,则有:

$$c_o = \frac{B_{ob} - B_{oi}}{B_{oi}\Delta p} = \frac{1.39 - 1.35}{1.35 \times 6} = 49.4 \times 10^{-4}\text{MPa}^{-1}$$

$$c_t^* = \frac{c_t}{S_{oi}} = c_o + \frac{c_f + c_w S_{wc}}{1 - S_{wc}} = 5.85 \times 10^{-3}\text{MPa}^{-1}$$

(2)根据公式(2-22),得到弹性采收率为:

$$E_R = \frac{B_{oi} c_t^* \Delta p}{B_{ob}} = \frac{1.35 \times 5.85 \times 10^{-3} \times 6}{1.39} \approx 3.4\%$$

油藏工程

有关利用水动力学方法计算弹性驱的方法将在第3.2.1节中进行详细介绍。

2.5.1.2 溶解气驱开发潜力分析

美国石油学会(API)采收率委员会统计研究了分布在美国、加拿大和中东的98个溶解气驱油田(其中砂岩油田77个、碳酸盐岩油田21个)的资料，得到了计算采收率的经验公式如下：

$$E_R = 0.2126 \left[\frac{\phi(1-S_{wc})}{B_{ob}}\right]^{0.1611} \left(\frac{K}{\mu_{ob}}\right)^{0.0979} S_{wc}^{0.3722} \left(\frac{p_b}{p_i}\right)^{0.1741} \quad (2-23)$$

式中，B_{ob}为饱和压力下的地层原油体积系数，m^3/m^3；μ_{ob}为饱和压力下的地层原油黏度，$mPa \cdot s$；p_b为饱和压力，MPa。该经验公式的复相关系数为0.932，标准差为22.9%。

有关利用水动力学方法计算溶解气驱的方法将在第3.2.2节中进行详细介绍。

2.5.1.3 水压驱动开发潜力分析

可用静态法和动态法来分析油藏的注水开发潜力。静态法主要采用经验公式法、岩芯模拟实验法和相渗曲线法，适用于开发前期和早期。动态法主要是产量递减曲线分析法、物质平衡法、水驱特征曲线法等，适用于开发中期和后期。

1. 静态法

1)经验公式法

在油气田投入开发以前，可以根据油气藏静态统计资料，利用水驱油藏采收率的相关经验公式计算采收率。以下列举了两种常见的经验公式，在油藏设计时可以选取几个进行估算。

Guthrie和Greenberger(1995年)根据Craze和Buckley为研究井网密度对采收率的影响所提供的103个油田中73个完全水驱和部分水驱砂岩油田的基础数据，利用多元回归分析法得到的经验公式为：

$$E_R = 0.11403 + 0.2719\lg K - 0.1355\lg\mu_o + 0.25569S_{wc} - 1.538\phi - 0.00115h \quad (2-24)$$

式中，μ_o为原油黏度，$mPa \cdot s$；h为油层厚度，m。该经验公式的复相关系数为0.8694。

美国石油学会(API)采收率委员会在Arps的主持下统计研究了分布在美国、加拿大和中东的72个水驱砂岩油田的资料，得到了计算采收率的经验公式如下：

$$E_R = 0.3225 \left[\frac{\phi(1-S_{wc})}{B_{oi}}\right]^{0.0422} \left(\frac{K\mu_{wi}}{\mu_{oi}}\right)^{0.077} S_{wc}^{-0.1903} \left(\frac{p_i}{p_a}\right)^{-0.2159} \quad (2-25)$$

式中，μ_{wi}为原始地层压力下的地层水黏度，$mPa \cdot s$；μ_{oi}为原始地层压力下的地层原油黏度，$mPa \cdot s$；p_a为油田废弃时的地层压力，MPa。当早期注水保持地层压力时，$p_a = p_i$。该经验公式的复相关系数为0.958，标准差为22.9%。

2）岩芯模拟实验法

用天然油藏岩芯在实验室内模拟油藏条件通过驱替实验取得注水开发油藏的驱油效率（E_D），其表达式为：

$$E_D = \frac{1 - S_{wc} - B_o S_{or}}{1 - S_{wc}} \qquad (2-26)$$

再乘以油藏的体积波及系数（E_V），就可以求得油藏的水驱采收率。

$$E_R = E_D \cdot E_V \qquad (2-27)$$

3）相渗曲线法

根据有代表性的油水相渗曲线，利用分流量方程进行理论计算，可以得到含水率和含水饱和度的关系曲线，取含水率为98%时的平均含水饱和度，由下列公式计算出采收率：

$$E_R = 1 - \frac{B_{oi}(1 - \overline{S}_w)}{B_o(1 - S_{wc})} \qquad (2-28)$$

考虑到地层的垂向非均质性，应乘以校正系数 C，方可得到合理的采收率。

$$E_R = C\left[1 - \frac{B_{oi}(1 - \overline{S}_w)}{B_o(1 - S_{wc})}\right] \qquad (2-29)$$

式中，C 为校正系数，可由下式求得：

$$C = \frac{1 - V_K}{M} = (1 - V_K)\frac{\mu_w K_{ro}}{\mu_o K_{rw}} \qquad (2-30)$$

式中，V_K 为渗透率变异系数，无量纲。渗透率变异系数可通过图解法、数理统计法确定。

有关分流量方程以及具体应用将在第3.2.5节中进行详细介绍。

2. 动态法

确定开发潜力的动态法包括产量递减曲线分析法、物质平衡法、水驱特征曲线法等，有关其计算方法将在后续章节进行详细介绍。表2-10列出了不同动态法的使用阶段与条件。

表2-10 预测油田采收率不同动态法的使用阶段与条件

序号	方法	使用阶段	应用条件	本书章节
1	数值模拟法	开发早期和中期	拥有编制开发方案和各项静态资料及试采资料	7.1
2	压降法	开发中期	定容封闭油藏，地层压力高于饱和压力，拥有气层压力、产量和PVT取样分析资料	4.2
3	物质平衡法	开发中期	天然水驱油气藏，地层压降明显，拥有产量、地层压力和PVT分析资料	5.2
4	水驱曲线法	开发中期和后期	水驱开发油藏，已进入中高含水期，有明显的直线段出现，并需要确定经济极限含水率	5.3

序号	方法	使用阶段	应用条件	本书章节
5	产量递减法	开发中期和后期	油田开发进入递减期，拥有递减阶段的产量数据	5.4
6	预测模型法	开发中期和后期	油田开发已进入递减期，拥有可靠的产量数据	7.2

由于水的来源广、成本较低、易于处理，以及水驱效果一般较溶解气驱、重力驱强，在我国的油田开发中得到了广泛应用。这种开发方式在提高油藏采收率的同时，也带来了显著的经济效益。

2.5.2 层系划分与组合

2.5.2.1 层系划分与组合的定义

油田地下油层的分布通常较为复杂，不仅包含多个油层，而且每个油层的特性各异。某些油层具有较高的渗透性和压力，以及较高的含油饱和度；而其他油层则可能渗透性较差，压力和含油饱和度也较低。若对这些性质不同的油层不加区分地一同开采，可能导致某些层位产油量大，而其他层位产油量少甚至不出油。

为了充分调动每个油层的生产潜力，提高整体采收率，应当将性质相似、延伸分布差异不大、压力相近的油层组合成一个个开发层系，并采用统一的井网进行开发。层系划分与组合是指将特征相近的含油小层组合在一起，采用单独一套井网进行开发，并以此为基础进行生产规划、动态分析和调整。通过这种层系划分与组合，可以减少层间干扰，提高注水纵向波及系数及采收率，并以此为基础进行生产规划、动态分析和调整。

2.5.2.2 层系划分与组合的意义

1. 多油层油田非均质性特点需要划分开发层系

油田大多具有多油层、非均质性。这种复杂的地质条件对油田的开发提出了更高的要求。由于油层的非均质性，各层位的物性参数如渗透率、流体性质、油气水关系、天然能量与驱动方式、地层压力和含油饱和度等存在较大差异。为了更有效地开发这些层位，需要根据油层的特性将其划分为不同的开发层系。

2. 开发层系划分与组合有利于充分发挥各类油层的作用

通过合理的层系划分，可以针对不同层位的特性采取相应的开发策略，如注水、压裂等，从而提高各层位的生产效果。

此外，合理的层系组合还有助于减少层间干扰，提高注水的纵向波及系数，进而提高整体采收率。如当油井见水后，通常使得井筒内流体密度增加，引起流压上升，同时又恶化了低压、低渗透率的生产条件，形成倒灌现象，结果这些低压层的储量基本上没有动用，如图 2-26 所示。此时如果注采工艺上无法调整，可重新划分层系。

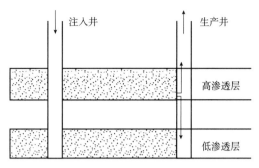

图 2-26 倒灌现象示意图

3. 开发层系划分与组合是部署井网和规划生产设施的基础

开发层系的确定是井网设计的关键,也为井网的部署、注采方式的选取以及地面生产设施的规划与建设提供了基础。离开了层系,井网就不是合理井网。层系划分和井网部署这两个实施过程是同时实现的。

4. 现有采油工艺技术的发展水平要求进行开发层系划分

多油层油田因其油层众多,井段长度也可能达到数百米的特点,这对采油工艺提出了特殊要求。采油工艺的核心目标是充分挖掘各类油层的生产潜力,实现吸水和出油的均衡性。为此,实践中通常采用分层注水(zonal injection)、分层采油(zonal production)和分层控制等策略。鉴于地质条件的复杂性,现有的分层技术尚难以实现对油层的极其精细的注采管理,因此,划分开发层系成为必要手段。通过开发层系的合理划分,可以确保层系内部油层数量适中、井段长度适宜,从而为分层技术提供更为有效的应用空间,提高油田的整体开发效果。

5. 油田高速高效开发要求进行开发层系划分与组合

针对多油层油田,采用一套井网进行开发时,需要充分挖掘各个油层的生产潜力,尤其是在油层较为复杂、主要出油层较多的情况下。为了优化各类油层的生产效果,提高采油速度,加速油田生产进程,缩短开发周期,并提升基本投资的回报率,合理划分开发层系成为至关重要的策略。通过层系划分,可以针对不同油层的特性实施特定的开发措施,从而实现高效采油并优化油田的整体开发效率。

2.5.2.3 层系划分与组合的原则

总结国内外在开发层系划分方面的实践经验,并结合我国多油层非均质油田的特点,合理地进行开发层系的划分与组合时,应遵循以下原则。

(1)把特征相近的油层组合为同一开发层系,以保证各油层对注水方式和井网具有共同的适应性,减少开采过程中的层间矛盾。

(2)一个独立的开发层系应具有一定的储量,以保证油田满足一定的采油速度,具有较长的稳产时间,并达到较好的经济指标。

（3）各开发层系间必须具有良好的隔层，以便在注水开发的条件下，层系间能够严格地分开，以确保层系间不发生串通和干扰。

（4）同一开发层系内，油层的构造形态、油水边界、压力系统和原油物性应比较接近。

（5）在分层开采工艺所能解决的范围内，开发层系不宜划分得过细，要考虑到采油工艺技术水平，相邻油层要尽可能组合在一起，以便减少建设工作量，提高经济效益。

不同的油田应该有不同的标准，不能遵循统一的规则。国内各大油田根据各自的特点采用不同的开发层系，如采用一套开发层系的有扶余油田、杏树岗油田；采用二套开发层系的有克拉玛依油田、喇嘛甸油田；采用三套开发层系的有老君庙油田、萨尔图北一区；采用四套开发层系的有胜坨二区等。此外，海上油田的划分标准与陆上油田不同。

2.5.2.4 层系划分与组合的方法

我国的砂岩油田大多数为陆相沉积，具有复杂的地质特征，如多物源、多旋回、岩性及物性变化大、非均质性严重等。因此，在开发过程中，通常采取粗分层、后期调整的方法。结合我国具体的油田开发实践，非均质多油层层系的划分与组合应遵循以下步骤。

（1）以从小单元到大单元的研究方式，研究油砂体特性及对合理开发的要求，据此确定开发层系划分与组合的地质界限。

（2）通过单层开发的动态分析，为新区合理划分层系提供生产实践依据。

（3）确定划分开发层系的基本单元并对隔层进行研究。每个单元的上下隔层必须可靠，且具有一定的储量和生产能力。

（4）综合对比不同层系组合的开发效果，选择最优的层系划分与组合方案。

（5）进行层系调整，包括隔层调整和低产区或低产井的调整。

开发层系的划分是一个多因素决定的复杂过程，采用的方式和步骤应根据实际情况灵活调整。在总体开发原则的指导下，不应拘泥于固定模式，而应勇于创新，采用优化方法完成层系划分与组合的任务。

 课堂讨论

对例题 2-1 中的油田进行层系划分，并说明划分的依据。

2.5.3 井网部署

层系划分与组合的主要目的是解决层间矛盾，确保各个油层能够得到有效的动用。而井网部署则旨在调整平面矛盾，通过合理的井网设计，减少井间干扰（interlayer interface）和平面矛盾，从而提高油层的整体动用效率和波及面积，实现较高的采收率。因此，井网的合理部署和层系的成功组合是油田开发方案中的两个基本要素，相互依存且各有侧重点。

井网部署是一个综合性的过程，不仅需要考虑油藏在一次采油阶段的特性，还要预见和准备在油藏进入后期开发时，天然能量衰减可能导致的问题。为此，井网的设计必须与注水开发策略相协调，确保在天然能量不足时，通过注水或其他驱替工作剂维持地层压力，保持或提升采油速度。

注水开发的设计涉及关键参数的优化，包括注水时机、注水方式和注水压力等。这些参数的选择对于维持油藏压力和提高采油效率至关重要。本节内容将探讨解决这些问题的基本原理与方法。

2.5.3.1 注水时机

1880 年，美国宾夕法尼亚州 Pithole 城地区出现了由于废弃井意外水驱导致产油量增加的案例。这标志着人们首次偶然发现了注水对提升采油效率的积极影响。尽管最初的认识是偶然的，但水驱的两大作用是无可争议的：首先，通过维持油藏压力，为采油系统提供必要的能量；其次，通过驱替作用，推动原油流向生产井。

1. 注水时机的类型

注水时机是指注水所处的油田开发阶段，即何时注水。在油藏开发中，关于注水时机的讨论一直存在，通常可以分为早期注水和晚期注水两种观点。然而，随着对溶解气效应的认识加深，中期注水的概念也被提出，以考虑气体溶解度（gas solubility）随压力变化而变化的特性。这种压力变化会影响油气的可采性，因此，注水的时机和策略需要根据油藏的具体情况来精心设计。

> **课堂讨论**
> 回顾溶解气驱动油气藏的开采特征。

1）早期注水

早期注水（early water injection）是指在油藏地层压力降到饱和压力以下之前及时进行注水的注水时机。早期注水可以使地层压力始终保持在饱和压力以上，油层内没有溶解气渗流，原油基本保持原始性质。

注水后，随着含水饱和度的增加，油层内只有油、水两相流动，渗流机理清楚，油井采油指数和产能较高，有利于保持较长的自喷开采期。此外，由于生产压差调整余地较大，有利于维持较高的采油速度，进而实现较长的稳产期。

然而，早期注水方式也存在一定的局限性。对于一些油田而言，尤其是在原始地层压力较高而饱和压力较低的情况下，早期注水可能会导致较大的工程初期投资，且投资回收期较长，投资风险增加，因此并不总是经济合理。在这种情况下，需要对油藏特性进行细致分析，以确定注水的最佳时机和方案，从而实现经济效益的最大化。

早期注水适用于地饱压差小、黏度大或者要求高速开发的油藏。

2）晚期注水

晚期注水（late water injection）是指在溶解气驱后期、生产气油比经过峰值处于下降阶段时进行注水的注水时机。晚期注水可使油层压力得到一定的恢复，但由于油田已经经历了溶解气驱开采，且游离的溶解气仅有部分能重新溶解到原油中，此时存在油、气、水三相渗流，渗流条件比较复杂，采油指数和产能的提高幅度不大。

晚期注水适用于原油性质好、天然能量充足的油藏。美国学者大多主张晚期注水，并称之为"二次采油"。

3）中期注水

中期注水（mid‐term water injection）是指投产初期依靠天然能量开采，当地层压力下降到低于饱和压力后，在气油比上升到最大值之前进行注水。中期注水可使油层压力恢复到饱和压力或略低于饱和压力，此时形成水驱混气油驱。混气油中的气体尚未形成连续相，这部分气体能够降低原油黏度，起到一定的驱油作用。有时，中期注水可使油层压力恢复至饱和压力之上，形成的较大生产压差可使油井获得较高的产量。

中期注水的初期投资少、经济效益好，也可能保持较长的稳产期，并不影响最终采收率。缺点是注入时机的界限不好把握。

中期注水适用于天然能量相对充足、地饱压差较大的油藏。

2. 注水时机的确定

确定油藏最佳注水时机的考量因素包括：①油藏的天然能量状况，如边缘水驱条件良好、地层压力与饱和压力差异较大；②油藏的规模和对产量的需求，如为满足高产量需求，可能需要早期注水以保持地层压力在较高水平；③油藏的开采特性和开采方式，如自喷采油与机械抽油对注水时机的不同要求；④油田经营管理者所追求的目标，包括提高原油采收率、实现未来纯收益最大化、缩短投资回收期以及延长油田的稳产期。

可以通过计算开始的几个确定的时间内的最终采收率、产量、投资和收入。对比结果，进而优选出最佳方案。

2.5.3.2 注水方式

注水方式是指注水井在油藏中所处的部位以及注水井和生产井之间的排列关系。

1. 注水方式的类型

目前国内外油田应用的注水方式主要包括边缘注水、切割注水、面积注水和不规则点状注水四种。

1）边缘注水

边缘注水（edge water injection）是指将注水井按一定的形式布署在油水过渡带（water‐oil transition zone）附近进行注水的注水方式，如图2‐27所示。边缘注水适用于以下条件：油藏面积相对较小（油藏宽度不超过4~5km）的中小型油气藏，地质构造相对完整，油层结构简单一致，油层分布比较稳定，边缘与内部连通性良好，油藏原始油水边界清晰，流动系数(Kh/μ)较高，渗透率通常大于$0.2\mu m^2$，原油黏度小于$3mPa \cdot s$，注水井具有较好的吸水能力，能够确保压力有效传递，水线均匀推进，从而实现油田的良好注水效果。

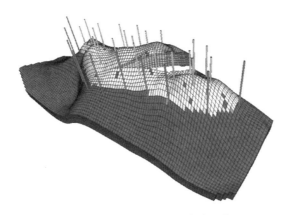

图2-27 某油藏边缘注水方式示意图

边缘注水技术的优点在于能够维持一个较为完整的油水界面(oil - water interface)，并促使该界面均匀地向油藏内部推进，从而简化控制过程。这种注水方式有助于提高无水采收率和低含水采收率，与其他注水技术相比，往往能够实现更高的最终采收率。

然而，边缘注水技术也存在一些局限性。由于遮挡效应的影响，只有较少的井排能够受到有效的水驱作用(通常不超过三排)，这在油田规模较大时会导致内部井排无法获得注水效果。此外，边缘注水可能会在油藏顶部形成低压区，并且部分注入的水可能会沿着油藏边缘外逸，降低了注水效果和利用率。

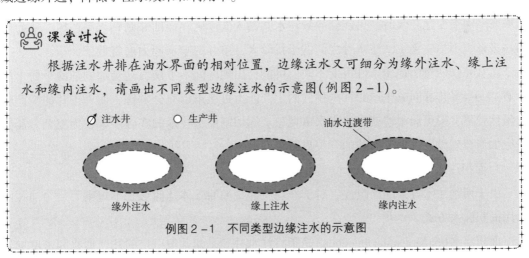

例图2-1 不同类型边缘注水的示意图

2)切割注水

切割注水(cut water injection)是指利用注水井排将油藏切割成为若干区块，将每一区块看成是一个独立的开发单元，分区进行开发和调整的注水方式，如图2-28所示。切割注水适用于以下条件：①油层应具备大面积且稳定的分布特征(油层具有一定的延伸长度，通常油藏宽度大于 4~5km），以便在注水井排上形成完整的切割水线；②生产井与注水井之间应具有良好的连通性，以确保切割区内的注水效果能够有效传递到生产井排；③油层应具有一定的流动系数，以保证在特定的切割区和井排间距内，注水效果能够得到良好的传递，从而满足开发过程中对采油速度的要求。为了最大化油井的注水效果，切割方向应垂直于油层的延伸方向，同时避免断层对注水的遮挡作用。

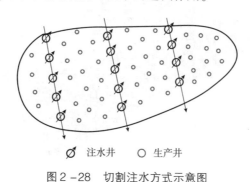

注水井　○ 生产井

图 2-28　切割注水方式示意图

切割注水技术的优点体现在以下几个方面：①该技术能够根据油田地质特征，灵活选择切割注水井排的形式、最佳方向和切割距离；②允许在开发过程中根据获得的详细地质构造资料对注水方式进行调整；③切割注水技术有助于优先开发高产区域，从而迅速达到设计产量的目标；④当油藏渗透率有方向性时，通过切割井网可以有效控制注入水的流向，从而实现更好的开发效果。

切割注水技术也存在一些局限性。①该技术在适应油层非均质性方面可能存在不足，特别是在非均质性严重的油层中，两侧水线可能不会在中间井排准确汇合。此外，当油层性质在平面上变化较大时，可能会导致注水井钻入低产区，而油井则钻入高产区，从而使得注采系统不尽完善。②注水井之间的干扰较大，单井的吸水能力通常低于面积注水。③由于注水井排两侧的地质条件可能不同，可能会出现区间不平衡，这会加剧油藏平面上的矛盾。④当多排井同时生产时，内排井的生产能力可能难以充分发挥，而外排井的生产能力虽然较强，但可能很快就会出现水窜现象。⑤切割注水技术的实施步骤较为复杂，需要研究如何合理设定逐排生产井的开关界限等问题。

3）面积注水

由于切割注水方式的局限性，对于非均质油藏和油砂体几何形态不规则等复杂油藏则采用面积注水方式。

面积注水（pattern water injection）是指将注水井和采油井按一定的几何形状和密度均匀地布置在整个开发区上的注水方式。这种注水方式实质上是把油层分割成许多小单元，油水井间相互控制较大。面积注水技术适用于以下条件：①油层分布较为不规则，含油面积较小，油层分布复杂且延伸性较差，通常呈现透镜状分布，这些特点使得切割注水技术难以有效控制多数油层；②油层的渗透性较差，流动系数较低，由于注入水推进阻力较大，切割注水技术的影响面积有限，导致采油速度较低；③适用于油田面积较大、构造不完整、断层分布复杂的情况；④面积注水技术适用于油田后期的强化开采，旨在提高采收率；⑤对于含油面积较大、物性较好的油田，尽管已经具备切割注水或其他注水方式，但在追求较高采油速度的情况下，也可以采用面积注水技术。

根据井网几何形状的不同，面积注水方式可主要分为正方形井网注水方式和三角形井网注水方式两大类。正方形井网方式包括五点法（five spot pattern）、方七点法、九点法、反方七点法（歪四点法）、反九点法、直线排状注水（line - drive pattern）等，如图 2 - 29 所示。

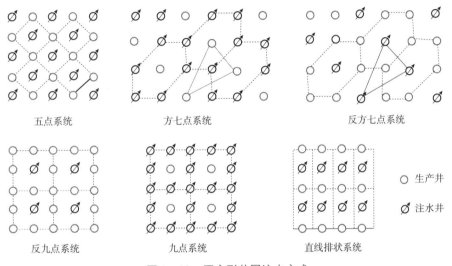

五点系统　　　　　方七点系统　　　　　反方七点系统

反九点系统　　　　九点系统　　　　直线排状系统

○ 生产井

⌀ 注水井

图 2 - 29　正方形井网注水方式

所谓几点法注水系统，是指以油井为中心，周围的几口注水井两两相连，构成一个注采单元，单元内的总井数为 n，便是 n 点系统。反过来，若以水井为中心，周围的几口生产井两两相连，构成一个注采单元，其井数为 n，则为反 n 点系统。

三角形井网方式包括七点法、反七点法（正四点法）、交错排状注水（staggered line - drive pattern）等，如图 2 - 30 所示。

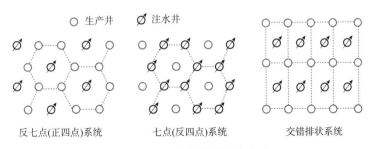

○ 生产井　　　⌀ 注水井

反七点(正四点)系统　　　七点(反四点)系统　　　交错排状系统

图 2 - 30　三角形井网注水方式

当油田具有足够大的线性尺寸时，可以用以下参数来描述布井方案的主要特征：注水井数与生产井数之比（m）；每口注水井的控制面积单元（F）；每口井的控制面积（drainage area，符号为 S）。表 2-11 给出了不同面积注水方式井网的特征参数。

表 2-11　面积注水方式的特征

井网类型	井网方式	m	F	S
正方形基础井网	五点	$1:1$	$2a^2$	a^2
	反方七点	$2:1$	$3a^2$	a^2
	反九点	$3:1$	$4a^2$	a^2
	反 n 点	$(n-3):2$	$(m+1)S$	a^2
	方七点	$1:2$	$3/2a^2$	a^2
	九点	$1:3$	$4/3a^2$	a^2
	n 点	$2:(n-3)$	$(m+1)S$	a^2
三角形基础井网	七点	$2:1$	$\dfrac{3\sqrt{3}}{4}a^2$	$\dfrac{\sqrt{3}}{2}a^2$
	反七点	$3:1$	$\dfrac{3\sqrt{3}}{2}a^2$	$\dfrac{\sqrt{3}}{2}a^2$

注：井间距离为 a。

课堂例题 2-4

某油藏投产时在正方形基础井网下，以一套反九点面积井网部署生产。后期进行井网调整（总井数不变），已知：平面渗透率 K_x 远大于 K_y，采液指数 ≈ 吸水指数。分析说明应调整成什么形式的井网，并绘制井网示意图，并标明 X、Y 方向（例图 2-2）。

解： 应调整为直线排状注水，提高 Y 方向上的波及系数。

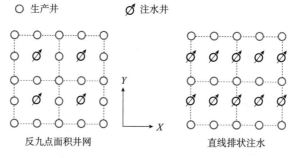

例图 2-2　调整前后的井网示意图

课堂讨论

对于裂缝或断层较发育的油藏，井排方向如何布置？

4）不规则点状注水

点状注水是指注水井零星地分布在开发区内的注水方式。常作为其他注水方式的一种补充形式。图2-31给出了缘外注水和点状注水的注水方式，此时可以提高油藏顶部原油的驱动压力。

针对油田面积较小、油层分布不规则且难以布置规则面积注水井网的情况，可以采用不规则点状注水方式。例如，在小断块油田中，根据油层的具体分布情况，选择适宜的井作为注水井，

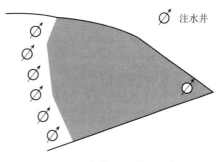

图2-31 点状注水方式示意图

以确保周围的几口生产井都能受到注水效果，从而提高油井的产量。点状注水是一种根据油层具体情况选择合适井作为注水井，并在其周围布置数口采油井的方法。由于其具有最大的灵活性，因此在主要采用某种注水方式时，可以在死油区或边角地带不受注水效果的区域进行点状注水。

2. 注水方式的确定

实际应用中，根据注水井吸水指数 I_w 和采油井产液指数 J_1 的比值 M 选择合理注水方式。一般情况下，由于水的黏度小于原油的黏度，因此同一油层内同一口井的注入能力大于采油能力。若要实现注采平衡（balanced flood），则布井系统中的采油井井数要大于注水井井数，因此，实际注采井网中多为"反"式井网。M 可表达为：

$$M = \frac{I_w}{J_1} \tag{2-31}$$

式中，M 为注水采油指数比，无量纲。

I_w 为吸水指数，是指单位注水压差（注水井井底流压与平均地层压力的差值）下的日注水量，其表达式为：

$$I_w = \frac{Q_i}{\Delta p} = \frac{Q_i}{(p_i - \bar{p})} \tag{2-32}$$

注水井最大注入压力主要受地层破碎压力的影响，地层破碎压力可由矿场试注或实际压裂资料统计和理论计算得到。

J_1 为产液指数，是指单位生产压差（平均地层压力与生产井井底流压的差值）下的日产液量，其表达式为：

$$J_1 = \frac{Q_1}{\Delta p} = \frac{Q_1}{(\bar{p} - p_p)} \tag{2-33}$$

生产井最小井底流压主要受地层流入动态和抽油井合理泵效的影响。

可根据 M 值选择面积注水方式，如表2-12所示。

油藏工程

表 2-12 适宜的面积注水方式

M	≈3	≈2	≈1	≈0.5	≈0.3
注水方式	反九点	反七点或正四点	五点	正七点或反四点	九点

2.5.3.3 井网密度

在确定注入工作剂及注水方式之后，下一步是考虑井网的部署。井网部署的主要研究内容包括：①布井方式；②井网密度(S)，即平均每平方千米开发面积控制的井数（口/km²）；③一次井网与多次井网。关于布井方式，目前已经有较为成熟的观点。在井网密度方面，目前的趋势是先期采用较稀的井网，随后逐步加密，但缺乏可靠的定量标准。至于布井次数，目前倾向于多次布井，然而各次布井之间的衔接和转化尚缺乏可靠的依据。另外，海上油田的井网部署与陆地油田有所不同，主要采用一次性井网方式。

1. 井网密度的确定

1）根据试油试采测试资料确定

若已知油田地质储量、平均单井日产量和采油速度，即可计算出生产井数：

$$n_p = \frac{vN}{360Q_o} \qquad (2-34)$$

式中，n_p 为生产井数，口；v 为采油速度，%；N 为地质储量，t；Q_o 为平均单井日产量，t/d。

设计油田产能时，通常以生产井井数为主要考虑因素。然而，在核算油田投资时，则需考虑包括生产井和注水井在内的总井数。选定注水方式后，可以根据油水井数比来确定注水井井数，进而推算出总井数和井网密度。

📝 **课堂例题 2-5**

对例题 2-1 中的油田，若三组油藏采用五点法合采，通过试油试采得到单井合理日产量为 23t，油井年正常生产时间为 300d，若年采油速度为 1.5%，试计算相应的生产井数和总井网密度。

解：生产井数 = (N×1.5%)/(23×300) = 35.6(口) ≈ 36(口)

五点法油水井数比为 1:1，所需水井 36 口，井网密度为 72/6 = 12(口/km²)。

采油速度通常根据国家需求确定，同时也受油田规模、油层岩石物性、流体性质、天然能量等因素的控制。我国的平均采油速度为地质储量的 1.5%~2.0%。一般可以根据单储压降 D_{pr}［公式(2-3)］确定采油速度，如表 2-13 所示。此外，还可以采用数值模拟方法对油藏合理采油速度进行优化分析。

· 66 ·

表2-13 油藏天然能量与合理采油速度经验关系

$D_{pr} = \Delta p/R$	开发速度/%		
	较快	合理	较慢
<0.2MPa/%	>4	2~4	<2
0.2~0.8MPa/%	>2	1.5~2	<1.5
0.8~2.5MPa/%	>1.5	1.0~1.5	<1.0

平均单井日产量的计算可以首先基于试油试采资料获得采油强度，随后结合油层有效厚度的分布情况进行求算。

2）根据注采井测试资料确定

假定注水采油期间产液指数和注水井吸水指数保持不变，平均油藏压力为 $\bar{p}$，注采比（injection to production ratio）保持平衡，采油井和注水井的井底压力分别为 p_p 和 p_i，以"反"式注采井网为例，由注采平衡关系得：

$$m = \frac{n-3}{2} = \frac{Q_l}{Q_i} \tag{2-35}$$

代入公式（2-32）和公式（2-33），得：

$$2I_w(p_i - \bar{p}) = (n-3)J_l(\bar{p} - p_p) \tag{2-36}$$

则：

$$\bar{p} = \frac{(n-3)p_p + 2Mp_i}{(n-3) + 2M} \tag{2-37}$$

式中，M 为注水采油指数比，无量纲，计算方法见公式（2-31）。

采油井的工作压差 Δp_p 为：

$$\Delta p_p = \bar{p} - p_p = \frac{2M(p_i - p_p)}{(n-3) + 2M} \tag{2-38}$$

若满足注采平衡所需油井数为 n_p，则采油速度为：

$$v = \frac{360n_p J_l \Delta p_p}{N} = \frac{360n_p J_l}{N} \cdot \frac{2M(p_i - p_p)}{(n-3) + 2M} \tag{2-39}$$

进而求出采油井数，再根据油水井数比 m[公式（2-35）]得到注水井，进而求得总井数和井网密度。

2. 井网密度与采出程度的关系

一个油田井钻得越多，井网越密，即井网密度越大，则井网对油层的控制程度越高，原油的最终采收率增加，总的产出增加。但开发油田的总投资也增加，而开发油田的总利润等于总产出减去总投入，总利润是随井网密度而变化的。当总利润最大时，即合理井网密度。当总的产出等于总的投入，也就是总的利润等于0时，所对应的井网密度是极限井网密度。图2-32给出了合理井网密度和极限井网密度示意图。

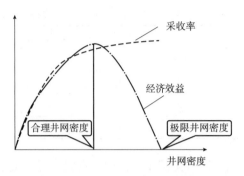

图 2 -32 合理井网密度和极限井网密度示意图

井网密度(S)与最终采收率(E_R)之间的经验式较多，苏联学者谢尔卡乔夫通过统计苏联已开发油田井网密度与采出程度的关系，得出了以下表达式：

$$E_R = E_D \cdot e^{-BS} \qquad (2-40)$$

式中，E_R 为采出程度，%；E_D 为驱油效率，%；B 为井网指数，无量纲；S 为井网密度，口/km^2。

井网指数(B)可由以下经验公式进行计算：

$$B = 0.0766 \left(\frac{K_a}{\mu_o}\right)^{-0.4218} \qquad (2-41)$$

式中，K_a 为平均绝对渗透率，μm^2；μ_o 为原油黏度，mPa·s。

3. 合理井网密度的确定

根据谢尔卡乔夫采出程度与井网密度的关系，并依据投入产出原理，考虑油藏埋藏深度、钻井成本、地面建设投资、投资贷款利率、驱油效率、采收率和原油价格，可以建立计算合理井网密度的经验公式：

$$开发纯收入 = 原油销售收入 - 开发投资及生产费用 \qquad (2-42)$$

则在公式$(2-40)$两边同时乘以地质储量(N)和原油价格(P)，再乘以主开发期可采储量采出程度(R_T)，可得主开发期内原油总收入；再减去含油区内所有钻井花费的投资和各类成本，可得油田开发纯收入(NET_V)与井网密度(S)之间的关系为：

$$NET_V = N \cdot R_T \cdot P \cdot E_D \cdot e^{-BS} - [M(1+i)^{T/2} + T \cdot C]A \cdot S \qquad (2-43)$$

式中，NET_V 为开发纯收入，万元；N 为地质储量，10^4t；R_T 为主开发期可采储量采出程度，%；P 为原油销售价格，万元/t；M 为单井总投资（包括钻井投资、地面投资等），万元/口；i 为投资贷款利息；T 为主开发期，a；C 为单井年操作费用，万元/（口·年）；A 为含油面积，km^2。

求出油田开发纯收入(NET_V)的极值点即为合理井网密度。对公式$(2-43)$求关于井网密度(S)的导数，并令导数等于 0，则：

$$N \cdot R_T \cdot P \cdot E_D \cdot B \cdot e^{-BS} = [M(1+i)^{T/2} + T \cdot C]A \cdot S^2 \qquad (2-44)$$

最后，通过迭代方法可以求得合理井网密度，注意在计算中应去掉不合理的极值点。

上述公式的内涵是主开发期内油田开发的纯收入最大。

4. 极限井网密度的确定

在公式(2-43)中，令 $NET_V = 0$，则：

$$N \cdot R_T \cdot P \cdot E_D \cdot e^{-BS} = [M(1+i)^{T/2} + T \cdot C]A \cdot S \qquad (2-45)$$

通过迭代方法可以求得极限井网密度，注意在计算中应去掉不合理的极值点。上述公式的内涵是主开发期内原油销售收入正好抵消所发生的投资和生产费用之和(即不赚不赔)。

5. 井网密度与井间干扰的关系

在井网密度达到一定水平后，进一步加密井网可能不会显著增加对油层的控制，反而可能导致井间干扰，使得各井的作用无法充分发挥，进而导致单井产量下降，经济效果恶化，同时油水井的管理和修井工作量也会大幅增加。因此，在确定井网密度和进行井网调整时，应当确保加密井所引起的井间干扰不会抵消因加密井而提高的可采储量收益。

2.5.3.4　井网面积波及系数

在均匀井网中，连接注水井与生产井的直线路径是这两井之间的最短流线，该路径上的压力梯度最大。因此，注入的水首先沿着这条最短路径平面推进至生产井，随后才通过其他路径流入。如图2-33所示，这意味着当油井开始见水时，仅有注水井与生产井之间的部分储层面积被水波及。面积波及系数定义为水影响面积与井网(注采单元)总面积之比。

目前，对于均匀井网面积波及系数的研究，大多数是基于各种简化模型进行的，这些研究利用理论方法，尤其是实验方法所得到的成果。

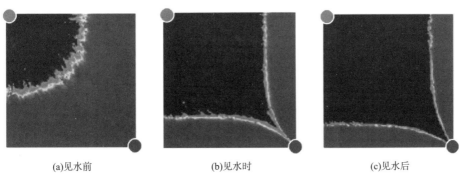

(a)见水前　　　　　　　　(b)见水时　　　　　　　　(c)见水后

图2-33　井网注水波及系数变化示意图

1. 见水时面积波及系数

1) 直线系统

据 B 丹尼洛夫和 P M 卡茨的研究结果，对直线系统，见水时面积波及系数为：

$$E_A = \frac{\dfrac{2\pi d}{a} - 4\exp\left(-\dfrac{2\pi d}{a}\right) - 2.776}{\dfrac{2\pi d}{a}\left[1 + 8\exp\left(-\dfrac{2\pi d}{a}\right)\right]}\sqrt{\frac{1+M}{2M}} \tag{2-46}$$

式中，a 为井距，m；b 为排距，m；M 为水油流度比，其计算公式为：

$$M = \frac{\mu_o}{\mu_w K_{ro}(S_{wc})}\left[K_{ro}(\bar{S}) + K_{rw}(\bar{S})\right] \tag{2-47}$$

当 $M > 1$ 时，在 $d/a \geqslant 1$ 的情况下，公式 (2-46) 可以化简为：

$$E_A = \left(1 - 0.4413\frac{a}{d}\right)\sqrt{\frac{1+M}{2M}} \tag{2-48}$$

2）五点、反九点和反方七点面积注水系统

对于五点、反九点和反方七点面积注水系统而言，见水时的面积波及系数可分别为：

$$E_{A5} = 0.718 \cdot \sqrt{\frac{1+M}{2M}} \tag{2-49}$$

$$E_{A9} = 0.525 \cdot \sqrt{\frac{1+M}{2M}} \tag{2-50}$$

$$E_{A7} = 0.743 \cdot \sqrt{\frac{1+M}{2M}} \tag{2-51}$$

应用公式 (2-48) ～公式 (2-51)，计算出不同流度比下各类注采井网见水时的波及系数，并绘制成不同井网波及系数与流度比关系曲线，如图 2-34 所示。

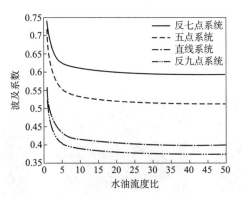

图 2-34　不同井网波及系数与流度比关系曲线

由图 2-34 可以看出以下规律：

（1）随着流度比 M 的增加，注水的面积波及系数 E_A 迅速趋向于一个稳定的值。

（2）当流度比 M 从 1 增加到 10 时，注水波及系数迅速下降；然而，随着 M 的进一步增加，注水波及系数的下降速度开始减缓。采用不同化学剂（例如聚合物）来增加水黏度或降低水的相渗透率，仅在驱替剂与原油的流度比小于 5 的情况下，才能观察到明显的效果。

2. 见水后面积波及系数

当面积井网见水后，随水驱过程的进行，波及系数也不断升高，此时的流度比不再是常数。因此，不同井网的面积波及系数与流度比之间的关系也不一样。图 2 - 35 ~ 图 2 - 39 给出了各种不同井网的面积波及系数与流度比和含水率之间的关系。

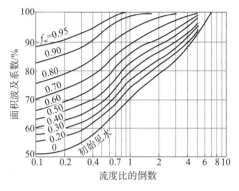

图 2 - 35 五点井网波及系数与流度比关系

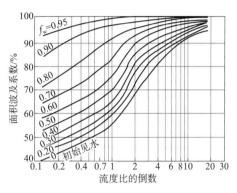

图 2 - 36 直线井网波及系数与流度比关系
（正方形井网，$d/a = 1$）

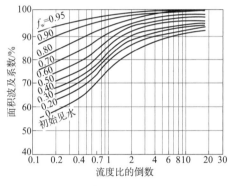

图 2 - 37 直线交错井网波及系数与流度比关系
（正方形井网，$d/a = 1$）

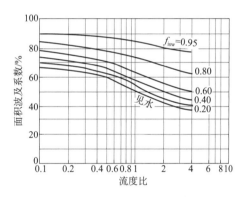

图 2 - 38 反九点井网在边井含水率下的波及
系数与流度比关系
（角井与边井的产量之比为 0.5，
边井极限含水率为 0.95）

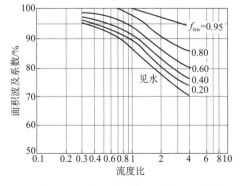

图 2 - 39 反九点井网在角井含水率下的波及系数与流度比关系
（角井与边井的产量之比为 0.5，边井极限含水率为 0.95）

课堂讨论

定性分析见水后面积波及系数变化关系。

在平面均质条件下，面积波及系数主要受水油流度比和井网布局的影响。然而，在实际油藏中，面积波及系数还受到多种因素的影响，包括储层的纵向非均质性、重力作用、毛管力、注水速度、平面注采差异以及射孔状况等。因此，仅考虑平面波及系数不足以全面描述实际油藏的情况，还需要考虑体积波及系数（volumetric sweep efficiency）。体积波及系数定义为水波及的孔隙体积与研究注水单元总孔隙体积之比，符号为 E_V。体积波及系数可以通过面积波及系数（E_A）与纵向波及系数（E_h）的乘积计算：

$$E_V = E_A \cdot E_h \tag{2-52}$$

实践与思考

1. 油田开发层系划分与井网调研

(1)调研目的：深入了解油田开发层系的划分方法和井网布置情况。

(2)调研对象：选择国内外具有代表性的油田，如大庆油田、胜利油田、新疆油田、长庆油田等。

(3)调研内容：主要包括层系划分的依据、原则和方法，井网类型、密度和布局，以及开发效果等方面。

(4)调研安排：查阅文献(3天)、资料分析(2天)、撰写报告(2天)。

(5)调研报告：详细阐述调研结果，并提出相关建议和改进措施。

2. 课后思考题

(1)已知某油藏含油面积 $15km^2$，平均有效厚度 $15m$，油藏平均孔隙度 21%，原始含水饱和度 0.23，原油体积系数 1.18，地面原油密度 $0.84g/cm^3$。计算油田地质储量、储量丰度和单储系数。

(2)已知某油田的储量计算参数为：$A = 20km^2$；$h = 20m$；$\phi = 0.25$；$S_{oi} = 0.80$；$B_{oi} = 1.25$，$\rho_{osc} = 0.82g/cm^3$。试求该油田的原始地质储量、储量丰度和单储系数。

(3)说明油藏封闭弹性驱的形成条件，并绘制其生产特征曲线，标明坐标和生产指标（即 p、R_p 和 Q_o）。

(4)说明刚性水压驱动的形成条件，并画出其开采特征曲线，标明 Q_o、R_p、p。

(5)作图解释刚性水驱和弹性水驱生产特征的不同之处。

(6)说明弹性水驱的形成条件。并解释在弹性水驱方式下，为什么油层压力会不断下降，而生产气油比保持不变？

(7)某油藏的初始油藏压力为 $25MPa$，该油藏泡点压力为 $22MPa$，该油藏在一次开采的过程中，油藏压力由初始值下降到23MPa。判断该开采过程中油藏主要的驱动方式，并绘制该驱动方式对应的生产特征曲线。

(8) 油田注水开发的主要优点。

(9) 简述划分开发层系的意义，并分析说明井网部署与层系划分的关系。

(10) 某油田含有三组地层，各层的基本性质如题图2-1所示。请简述划分开发层系的原则，并说明如何划分该油田的开发层系。

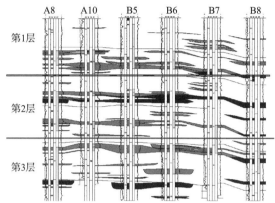

第1层　可采储量：200×10⁴t，厚度：10m，渗透率：100×10⁻³μm²，原油黏度：50mPa·s

第2层　可采储量：50×10⁴t，厚度：5m，渗透率：150×10⁻³μm²，原油黏度：60mPa·s

第3层　可采储量：70×10⁴t，厚度：15m，渗透率：500×10⁻³μm²，原油黏度：3mPa·s

题图2-1　某油田三组地层的基本性质

(11) 简述注水的时机(早、中、晚)的特点、优点、适用条件。

(12) 解释什么是早期注水，并画出当注采比等于1：1时的早期注水油藏的开采特征曲线。图上需标明 Q_l(产液量)、R_p(生产气油比)、p(油藏压力)。

(13) 某油藏生产气油比 R_p 随地层压力变化如题图2-2所示，请根据图中 R_p 阶段特征解释什么是早期注水、中期注水和晚期注水？

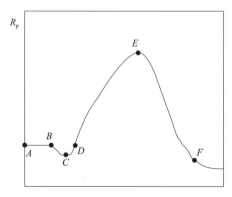

题图2-2　某油藏生产气油比随地层压力变化关系图

(14) 如果要将油层压力始终保持在泡点压力(饱和压力)以上，应采取早期注水、中期注水和晚期注水中的哪一种注水时机？并解释为什么？

(15) 什么是边缘注水？作图说明三种边缘注水方式的不同，并比较三种边缘注水方式的适用条件。

（16）五点法与反九点法面积井网各自有何特点？

（17）画出方七点井网图，并指出注水井、采油井以及油水井数比。

（18）分别画出面积注水中的直线排状系统井网和交错排状系统井网，及其对应的生产井数与注水井数之比。

（19）某油田有3个大的砂岩组，通过各种资料分析，确定了3个砂层组的以下参数（题表2-1），而且原始地层压力大于饱和压力，原始油水界面的深度为1785m，油水界面下的边水具有充足的能量。

题表2-1　某油田3个砂层组的参数

砂层组	含油面积/km²	砂层厚度/m	有效厚度/m	孔隙度/%	原始含水饱和度/%	原油地面密度/(g/cm³)	油层构造深度范围/m	体积系数/(m³/m³)	平均渗透率/μm²	原油地下黏度/mPa·s
1	2.5	9.0	8.0	25	30	0.94	1500~1520	1.24	1.2	5.0
2	1.2	4.4	3.2	25	30	0.94	1530~1540	1.24	1.0	5.0
3	3.5	15	10	27	40	0.95	1760~1790	1.22	4.8	10.0

①计算该油田各砂层组的地质储量。

②对该油田进行开发层系划分，并说明划分的依据。

③若只采用天然能量开发，画出各开发层系整个开发过程中瞬时生产气油比的变化曲线示意图。

（20）简述分析各种面积注水井网在注采平衡条件下所需要的采油井数和注水井数的步骤。

<hr>

课外书籍与自学资源推荐

1. 标准《油田开发方案编制指南》

标准号：SY/T 10011—2023

出版社：石油工业出版社

出版时间：2024年

推荐理由：这部标准为油田开发方案的编制提供了全面、详细的指导，包括方案编制的原则、基础资料和内容等方面的规定。通过学习这部标准，油藏工程专业的学生和从业者可以掌握油田开发方案编制的规范和流程，提升自身的专业素养和实践能力。同时，这部标准也是油藏工程课程课外书籍和自学资源的首选，有助于学生和从业者深入理解油藏工程设计的核心内容，适应行业的发展需求。

2. 标准《整装砂岩油田开发方案编制技术要求开发地质油藏工程部分》

标准号：SY/T 5842—2023

出版社：石油工业出版社

出版时间：2024 年

推荐理由：这部标准详细阐述了油田的自然条件、地质概况、勘探历程、开发准备情况等内容，提供了油藏工程设计、方案优选、风险分析、实施要求和报告编写的全面指导。反映了油藏工程领域的最新技术和行业标准，适合作为油藏工程课程的课外书籍和自学资源。

3. 书籍《石油工程设计——油气藏工程设计》

作者：唐海，周开吉，陈冀嵋

出版社：石油工业出版社

出版时间：2011 年

推荐理由：该书详细阐述了油气藏工程设计的基本原理和方法，内容涵盖了油气藏地质及储层特征评价基本方法、油气藏特征与工程设计基本方法、油气藏开发动态分析与调整控制、油田开发方案经济评价与方案优选等多个方面，系统性强、内容全面。这本书对于油藏工程专业的同学来说，是一部极好的学习参考书。通过阅读本书，同学们可以对油气藏工程设计有一个全面、深入的了解，掌握油气藏工程设计的基本方法和步骤，为将来的学习和实践打下坚实的基础。

3

油气藏动态预测原理

洞察先机——油气藏动态预测的前瞻性分析

在中国石油工业的历程中，新疆油田采油二厂的克拉玛依组油藏开发，如同一部古老的乐章，见证了砾岩油藏的风雨历程。60 年前，这片土地上的油藏开发，奠定了新中国石油工业的基础。如今，采油二厂已步入第六十个春秋，但其原油产量却依然保持着稳健的增长。

是什么力量，让这个"高龄"的采油厂始终保持活力？是什么秘诀，让原本即将废弃的油藏重焕生机？答案，或许就藏在采油二厂率先开展的二次开发研究中。

早在 2005 年，采油二厂便前瞻性地开展了一东区二次开发的前期研究。两年后，编制了《一东区克拉玛依组油藏开发调整实施意见》，部署新井 205 口，新建产能 8.1 万吨。2006 年，又在六中东区克下组开展了"克拉玛依油田砾岩油藏提高水驱采收率工业化试验"。

但何为二次开发？是在一次开发达到极限或面临弃置时，采用全新的理念和技术，通过二次采油(如注水开发)重新构建开发体系，从而大幅提升最终采收率，最大化地获取地下石油资源的高效开发方式。

采油二厂所辖的准噶尔盆地西北缘老区，因其长期开发历史、储层非均质性强、油水关系复杂，对工程技术的要求极高、施工难度亦大。尤其是在砾岩油藏的开发上，其储层的复杂性远超其他类型油藏，为研究和开发带来了巨大挑战。

自 2007 年起，新疆油田公司在采油二厂区块内全面推进二次开发。在"十一五"期间，二厂新钻井 1234 口，建原油生产能力 105.28 万吨，新增可采储量 631.36 万吨。2010 年，采油二厂原油年产量重返 200 万吨高峰，而没有二次开发的助力，产量可能会在 2015 年降至不足 110 万吨。

二次开发的成功，不仅在于提高油藏产量和采油速度，如最早完成二次开发的一东区克拉玛依组、六中区克下组等 4 个油藏的日产油量从 480 吨增至 1280 吨，采油速度从 0.3% 提升至 0.74%，更在于大幅提高了油藏的砂体和井网控制程度，如一东区克上组油藏砂体控制程度从 65% 提升至 75%，水驱控制程度从 37% 提升至 73.8%，压力保持程度从 55.7% 提升至 83.5%。

采油二厂的二次开发实践，不仅为老油田的持续稳产提供了范例，也为新疆油田在其他老油田区块的二次开发推广应用提供了可能。自 2007 年以来，新疆油田在公司所进行的二次开发基本都在采油二厂的区块内实施，共计实施了 28 个二次开发区块，实施后采出程度达到了 30%。

这一系列的成就，离不开采油二厂对二次开发策略的深入研究和实践。在"十二五"时期，采油二厂以稳产 200 万吨为目标，坚持"重构地下认识体系，重建井网结构，重组地面工艺流程"的原则，采取"整体部署、试验先行、分批实施、优化调整"的实施思路，持续推动二次开发。

在二次开发方案制定之后，油田的生产能力计算和采收率提高幅度的测算，都依据新的开发策略和实际生产数据进行。通过科学的管理和技术的不断优化，采油二厂成功地提高了油藏的开发效果，延长了油藏的生命周期，实现了资源的最大化利用。

问题与思考

(1) 上述案例给你带来什么样的启发？

(2) 在"二次开发"方案制定之前，是如何预测油田的生产能力的？

(3) 在"二次开发"方案制定之后，是如何计算油田的生产能力，以及如何测算采收率提高幅度的？

3.1 油气藏开发基础指标分析

油田开发过程中能够表征油田开发状况的数据包括生产状态数据和评价数据。评价数据中能够表征油田总体数量特征的称为开发指标。开发指标能够评价和衡量油田开发的程度、速度和效益。

3.1.1 生产状态指标

3.1.1.1 有关生产井的指标

(1)日产油量。也称生产水平,是指油田的实际日产油量,简称日产量,或产量,符号为 Q_o,单位为 t/d。

(2)日产液量。油田的实际日产液量,符号为 Q_1,单位为 t/d。

(3)日产水量。油田的实际日产水量,符号为 Q_w,单位为 t/d。

(4)含水率。油井日产水量与日产液量之比,有时也用质量比,符号为 f_w,单位为%。

(5)综合含水率。各含水油井月(或年)总产水量与所有生产井的月(或年)总产液量之比,符号为 f_w,单位为%。

(6)生产气油比。每采出一吨油所伴随采出的天然气量,符号为 R_p,单位为 m³/t。生产气油比反映的是地层原油的脱气程度。

(7)生产压差。油井开井生产后油层压力与井底流压之间形成的压力差,又称工作压差,符号为 Δp_p,单位为 MPa。

(8)采油指数。单位生产压差下的日采油量,符号为 J_o,单位为 m³/MPa。

(9)采液指数。单位生产压差下的日采液量,符号为 J_1,单位为 m³/MPa。

(10)年生产能力。也称年产量,是指开发单元月产油量折算成全年产油量,单位为 10^4t/a。

3.1.1.2 有关注入井的指标

(1)日注水量。油田的实际日注水量,符号为 Q_i,单位为 m³/d。

(2)吸水指数。单位注水压差下的日注水量,符号为 I_w,单位为 m³/MPa。

(3)注水压差。注水井注水时井底压力与地层压力之间形成的压力差,符号为 Δp_i,单位为 MPa。如果注水井采用油管注水,则井口压力为油管压力;如果采用套管注水,则井口压力为套管压力。

(4)注水强度。单位有效油层厚度的日注水量称为注水强度(intensity of water injection)。

3.1.1.3 有关注采系统的指标

(1)原始地层压力。油田在未开采前测得的油层中部压力,符号为 p_i,单位为 MPa。它是油田开发过程中保持一个什么样的系统压力水平的重要标志。

(2)目前地层压力。也称静压,是指油田投入开发在指定井点所测关井后油层中部恢复的压力,符号为 p_s,单位为 MPa。衡量的是目前地下油层能量。

(3)流动压力。也称流压,是指在油田正常生产时测得的油层中部压力,符号为 p_f,单位为 MPa。

(4)地下亏空体积。油田或区块累计采出流体地下体积与累计注水地下体积的差值。

(5)水驱指数。每采出一吨油时地下的存水量,单位为 m^3/t。该指数越大,需要的注水量越大。

(6)存水率。保存在地下的注入水体积与累计注水量的比值,

3.1.2 生产开发指标

(1)采油速度。年产油量占地质储量的百分比,符号为 v_o,单位为%。如果以原始原油地质储量为基础,称为地质储量采油速度。如果以可采储量为基础,称为可采储量采油速度。

(2)采出程度。油田累计产油量占地质储量的百分比,符号为 E_R 或 R,单位为%。

(3)采收率。可采地质储量占原始地质储量的百分比,也称最终采收率,符号为 E_R 或 R,单位为%。

(4)无水采收率。无水采油期的采出程度称为无水采收率(water - free oil recovery factor)。

(5)产量递减率。单位时间内老井产量的变化率或单位时间内产量递减百分数,符号为 D,单位为%。

$$D = -\frac{1}{Q}\frac{dQ}{dt} \tag{3-1}$$

产量递减率是检查油田是否能够稳产及安排措施工作量的重要依据。具体应用方法见第5.4节。

(6)含水上升率。某一阶段内含水率的上升值,是衡量油田含水率上升快慢的指标。矿场上对含水上升率有两种表示方法:

①月(或年)含水上升率。

$$月(或年)含水上升率 = f_{w2} - f_{w1} \tag{3-2}$$

式中,f_{w1} 和 f_{w2} 分别表示报告初期和末期的综合含水率,%。

②每采出1%地质储量的含水上升率。

$$含水上升率 = \frac{f_{w2} - f_{w1}}{R_2 - R_1} \qquad (3-3)$$

式中，R_1 和 R_2 分别表示报告初期和末期的采出程度，%。

利用含水上升率可以计算综合含水率、采油速度、采出程度等，进而编制出综合含水率与采出程度、采油速度之间的关系曲线，用以分析油田开发特征。具体应用方法见第 3.2.5 节。

(7) 注采比。注入水的地下体积与采出的油气水的地下体积的比值。注采比分月注采比、年注采比、累计注采比等。

(8) 注水利用率。注采水量之差与产水量之间的比值。表示注入水存留于地下的百分数，用来衡量油田注水效果的指标。

(9) 面积波及系数。油田在注水开发时，井组某单层已被水淹的面积与井组所控制的该层面积的比值，符号为 E_A，以小数或百分数形式表示。反映平面矛盾的大小，面积波及系数越小，平面矛盾越突出。

(10) 水淹厚度系数。见水层水淹厚度占见水层有效厚度的百分数。表示油层在纵向上的水淹厚度。水淹厚度的大小反映驱油状况的好坏，同时反映层内矛盾的大小。

(11) 单层突进系数。多油层油井内渗透率最高的油层的渗透率与全井厚度权衡平均渗透率的比值。它反映层间矛盾的大小。

(12) 水驱驱油效率。被水淹油层体积内采出的油量与原始含油量之比，符号为 E_D，以小数或百分数形式表示。

3.2 油藏开发生产指标预测

油气藏开发生产指标的变化特征是评价油气田开采状况、制定油气藏开发规划、设计调整油气藏开发方案等方面的重要依据。自石油工业诞生之初，油气藏开发指标的预测工作就开始了。在 20 世纪 30 至 40 年代，美国学者马斯盖特和苏联学者巴利索夫分别发展了油藏驱动能量学说，将地下流体力学理论应用于油田开发指标的研究，从而获得了一系列产油计算公式。此外，R J Schilthuis(薛尔绍斯)在这一时期建立了物质平衡方程式。进入 20 世纪 40 至 50 年代，针对注水方式的研究，美国学者 Buckley - Leverett(贝克莱 - 列维莱)特提出了水驱油理论，而苏联学者谢尔卡乔夫则建立了多种布井条件下的产量计算公式。到 20 世纪 50 至 70 年代，美国学者 Douglas(道格拉斯)和 Psimman(皮斯曼)将计算数学和计算机技术引入油田开发预测领域，创立了油藏数值模拟方法。目前，随着计算机、网络、多媒体、数据库等信息技术的广泛应用，油气田开发基于信息技术的研究得到了快速发展。虚拟现实、开发仿真、远程诊断、综合数据与模型平台等技术手段的应用，使得油气田开发预测更加精确。这些技术进步为油气藏开发提供了强有力的科学支持，极大地提高了开发效率和经济效益。

开发生产指标预测的方法有很多，包括经验公式法、水动力学方法、物质平衡方程分析方法、水驱特征曲线方法、产量递减分析方法、油藏数值模拟方法等。其中，经验公式法已经在第 2.5.1 节中进行了简要介绍。物质平衡方程分析方法、水驱特征曲线方法和产量递减分析方法主要适用于开发中后期开发数据较多时，采用经验方法进行开发指标动态分析，这些内容将在第 5 章中进行单独介绍。油藏数值模拟方法将在第 7.1 节中进行简要介绍。

本章主要讲解水动力学方法，主要用于开发早期的开发指标测算、变化趋势分析、开发机理研究、初步开发方案对比等。

3.2.1　弹性驱动生产指标预测

若单井控制储量为 N，控制半径为 r，则在定压条件下，可采用有界封闭地层弹性拟稳定公式来计算产量。

$$Q_o = \frac{543Kh(\bar{p} - p_w)}{\mu B\left(\dfrac{2\eta t}{r_e^2} + \ln\dfrac{r_e}{r_w} - \dfrac{3}{4}\right)} \tag{3-4}$$

式中，Q_o 为单井平均日产量，m^3/d；K 为渗透率，μm^2；h 为油层厚度，m；$\bar{p}$ 为平均地层压力，MPa；p_w 为井底流动压力，MPa；η 为导压系数，m^2/d；t 为生产时间，d；r_e 为单井平均泄油半径(drainage radius)，m；r_w 为井筒半径，m。

然后，利用积分可以计算出累计产量(N_p)：

$$N_p = \int_0^t Q_o \mathrm{d}t \cdot \rho_{osc} \tag{3-5}$$

式中，N_p 为单井累计产量，t；ρ_{osc} 为地面原油密度，t/m^3。

3.2.2　溶解气驱动生产指标预测

溶解气驱油井产量 Q_o 的计算公式为：

$$Q_o = \frac{2\pi Kh(H_e - H_w)}{\ln\dfrac{r_e}{r_w} + S} \tag{3-6}$$

$$H_e - H_w = \int_{p_w}^{p_e} \frac{K_{ro}}{B_o \mu_o}\mathrm{d}p \tag{3-7}$$

式中，H_e 和 H_w 分别是压力 p_e 和 p_w 时对应的压力函数；S 为表皮系数，小数；K_{ro} 为油相相对渗透率，无量纲。

压力函数 H_e 和 H_w 的具体计算方法如下。

（1）根据高压物性实验得出任意压力下的 B_o 和 μ_o，如图 3-1（a）所示。

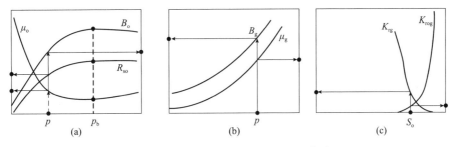

图 3-1　原油 PVT 和油气相渗关系曲线

（2）由于瞬时生产气油比 R_g 与井底压力和井底附近含油饱和度有关。

$$R_g = \frac{B_o}{B_g} \frac{K_{rg}}{K_{ro}} \frac{\mu_o}{\mu_g} + R_{so} \qquad (3-8)$$

由此可以计算出任一压力下的 K_{rg}/K_{ro}。

（3）根据相渗曲线［图 3-1（c）］求出任意生产气油比下的 K_{ro}。

（4）作出 $K_{ro}/B_o\mu_o$ 与压力之间的关系曲线（图 3-2）。

（5）采用数值积分方法或近似公式法等对 H 函数进行求解。

溶解气驱油井产气量 Q_g 的计算公式为：

$$Q_g = R_g Q_o \qquad (3-9)$$

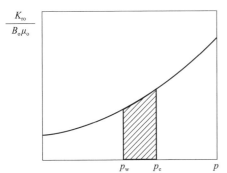

图 3-2　不同压力下的 $K_{ro}/B_o\mu_o$

3.2.3　水锥与气锥油气藏的生产指标预测

在油田勘探与开发过程中，经常遇到具有气顶、底水或同时具有气顶和底水的油气藏。图 3-3 描述了当这类油气藏开始投产后，如果生产压差过大，容易引发气锥和水锥（water cone）现象。这种现象能导致油井的含水量迅速上升并明显降低产量，进而对油藏的采收率产生负面影响。根据实际开发经验，活跃的底水驱动油藏的采收率比边界水驱或人工注水驱动的采收率低约 40%。

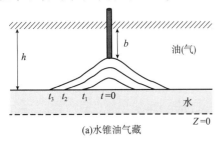 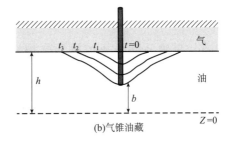

图 3-3　水锥与气锥油气藏示意图

为了尽量延缓或避免气锥和水锥的发展，油藏开发中不仅需要研究合适的完井射孔方式及其位置，还必须在油井投产后合理控制生产压力差，并限制油井的日产量不超过某一临界值。此外，一旦油井出现明显的气锥和水锥，严重影响了油井的生产能力，此时，采取关井压锥、回填井底、打井底水泥隔板或通过侧钻再完井等方法，均可有效恢复井况。

至于如何确切计算气锥和水锥的临界产量，业界普遍引用的是 Meyer 和 Garder 于 1954 年提出的方法。本节内容将详细介绍这些计算公式。

3.2.3.1 水锥油气藏油井（气井）临界产量预测

临界产量是指油井在不引发气锥或水锥现象时，所能达到的最大产量极限。通过控制油井的日产量不超过这一临界值，可以有效防止气锥和水锥的发生。在这种条件下，油气接触面或油水接触面将基本保持水平，并且正对井底有一个微小的锥形推进向油区。

1. 水锥油藏油井临界产量

底水驱油藏水锥的油井临界产量为：

$$Q_{oc} = \frac{2.46 K_o (\rho_w - \rho_o)(h^2 - b^2)}{\mu_o B_o \ln \dfrac{r_e}{r_w}} \qquad (3-10)$$

式中，Q_{oc} 为水锥油藏油井的临界产量，m^3/d；K_o 为油层的有效渗透率，μm^2；ρ_w 为地层水的密度，g/cm^3；ρ_o 为地层油的密度，g/cm^3；h 为底水油藏的油层厚度，m；b 为底水油藏油层的射开厚度，m，如图 3-3(a) 所示；μ_o 为原油黏度，$mPa \cdot s$；B_o 为原油地层体积系数，无量纲；r_e 为驱动半径，m；r_w 为井底半径，m。

根据计算和经验判断，合理的射开长度应当为 $b = (0.2 \sim 0.3)h$。

2. 水锥气藏气井临界产量

底水驱气藏水锥的气井临界产量为：

$$Q_{gc} = \frac{2.46 K_g (\rho_w - \rho_g)(h^2 - b^2)}{\mu_g B_g \ln \dfrac{r_e}{r_w}} \qquad (3-11)$$

式中，Q_{gc} 为水锥气藏气井的临界产量，m^3/d；K_g 为气层的有效渗透率，μm^2；ρ_g 为地层气的密度，g/cm^3；h 为底水气藏的油层厚度，m；b 为底水气藏气层的射开厚度，m；μ_g 为天然气黏度，$mPa \cdot s$；B_g 为天然气地层体积系数，无量纲。

3.2.3.2 气锥油藏油井临界产量预测

气顶驱油藏气锥的油井临界产量为：

$$Q_{oc} = \frac{2.46 K_o (\rho_o - \rho_g)(h^2 - b^2)}{\mu_o B_o \ln \dfrac{r_e}{r_w}} \qquad (3-12)$$

式中，Q_{oc}为水锥油藏油井的临界产量，m^3/d；h为底水油藏的油层厚度，m；b为底水油藏油层的射开厚度，m，如图3-3(b)所示。

3.2.4　水平井的生产指标预测

3.2.4.1　均质油藏水平井产量预测

水平井是一种特殊的钻井方法，其井筒在地下油藏中延伸并保持水平状态，与油层平行，如图3-4(a)所示。这种钻井技术使得井筒能够接触到油藏的最大面积，水平段的长度通常超过目的层厚度10倍以上，从而提高油气的开采效率。

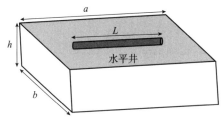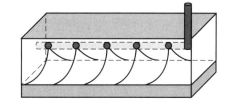

(a)油藏中心水平井三维布置方式示意图　　　　(b)水平井底水脊进示意图

图3-4　水平井示意图

对于均值油藏，下面介绍几种常用的水平井产量公式。这些模型均不考虑水平井井筒沿程阻力，认为水平井沿程具有无限导流能力。

1. Joshi 公式

$$Q_{oh} = \frac{543K_{h}h\Delta p}{\mu_{o}B_{o}\left\{\ln\left[\dfrac{a+\sqrt{a^2-(L/2)^2}}{L/2}\right]+\dfrac{h}{L}\ln\dfrac{h}{2r_{w}}\right\}} \tag{3-13}$$

$$a = (L/2)\left[0.5+\sqrt{0.25+(2r_{eh}/L)^4}\right]^{0.5} \tag{3-14}$$

式中，Q_{oh}为水平油井的产量，m^3/d；K_{h}为水平有效渗透率，μm^2；h为有效厚度，m；Δp为生产压差，MPa；a为水平井椭圆驱动面积长轴的半长，m；L为水平段长度，m；r_{w}为水平井段的井筒半径，m。

2. Borisov 公式

$$Q_{oh} = \frac{543K_{h}h\Delta p}{\mu_{o}B_{o}\left\{\ln\left[\dfrac{4r_{eh}}{L}\right]+\dfrac{h}{L}\ln\dfrac{h}{2\pi r_{w}}\right\}} \tag{3-15}$$

$$r_{eh} = \sqrt{A/\pi} \tag{3-16}$$

式中，r_{eh}为水平井的折算圆形驱动半径，m；A为水平井的地面井控有效面积，m。

3. Giger 公式

$$Q_{oh} = \frac{543 K_h h \Delta p}{\mu_o B_o \left\{ \ln \left[\dfrac{1 + \sqrt{1 + (0.5L/r_{eh})^2}}{0.5L/r_{eh}} \right] + \dfrac{h}{L} \ln \dfrac{h}{2\pi r_w} \right\}} \tag{3-17}$$

3.2.4.2 水锥与气锥油藏水平井的产量预测

图 3-4(b) 展示了水平井底水脊进的情况。对于底水和气顶，以及底水和气顶同时驱动的 3 种水平井临界产量的通式为：

$$Q_{oh} = \frac{\alpha K_h h^2 \Delta \rho}{\mu_o B_o \ln \dfrac{r_{ed}}{r_w}} \tag{3-18}$$

式中，r_{ed} 为将水平井转为垂直井的等效驱动半径，m；其表达式为：

$$r_{ed} = r_w^{(1-h/L)} \left(\frac{h}{2} \right)^{h/L} \left[\left(\frac{4a}{L} - 1 \right)^2 \right]^{0.5} \tag{3-19}$$

不同驱动条件下的 α 值和 $\Delta\rho$ 值列于表 3-1 中。

表 3-1　不同驱动条件的 α 值和 $\Delta\rho$ 值

驱动条件	α	$\Delta\rho$
底水	2.66	$\rho_w - \rho_o$
气顶	2.66	$\rho_o - \rho_g$
底水 + 气顶	6.65	$\rho_w - \rho_g$

3.2.5　注水生产指标预测

3.2.5.1　水驱油理论

在油藏注水开发过程中，含水区和含油区之间并不存在一个明显的油水分界面，而是出现一个油水两相区，这种水驱油的方式称为非活塞式水驱油，如图 3-5(a) 所示。当原始油水界面垂直于流线，含油区内束缚水含量为常数时，两相区内油水饱和度分布如图 3-5(b) 所示。

沿着流程含水饱和度 S_w 逐渐变小，含油饱和度逐渐升高，在两相区前缘 $x = x_f$ 处，含水饱和度曲线突然下降。由于只有平面一维空间的水驱油问题存在精确解，且它是各种近似解的基础，本节将从介绍 Buckley - Leverett 一维水驱油问题的解开始。

一维不稳定驱替的假设条件如下：①油水两相流动，且运动方向相同；②岩石是水湿的，水驱油过程；③不考虑流体的压缩性，视为刚性流体；④毛细管力与重力在瞬间达到平衡。毛管力和重力差使流体饱和度达到纵向上的平衡；⑤油层物性均质，不考虑非均质特征。

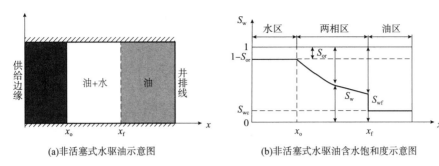

(a)非活塞式水驱油示意图　　　　(b)非活塞式水驱油含水饱和度示意图

图 3 -5　非活塞式水驱油示意图

考虑毛管力、重力因素条件下一维地层分流量方程的表达式为：

$$f_w = \frac{\lambda_w}{\lambda_w + \lambda_o}\left(1 + \frac{\lambda_o A\left[\frac{\partial P_c}{\partial x} - \Delta\rho \cdot g \cdot \sin\alpha\right]}{Q_t}\right) \qquad (3-20)$$

式中，f_w 为地层含水率，小数；λ_w 为水的流度，$\mu m^2/(mPa \cdot s)$，$\lambda_w = KK_{rw}/\mu_w$；$\lambda_o$ 为油的流度，$\mu m^2/(mPa \cdot s)$，$\lambda_o = KK_{ro}/\mu_o$；$A$ 为渗流截面，m^2；P_c 为毛管压力，MPa；x 为渗流距离，m；$\Delta\rho$ 为水油密度差，g/cm^3；g 为重力加速度，g/cm^3；α 为地层倾角，°；Q_t 为地层总产液量，m^3/d。

地面生产含水率 f_{ws} 为：

$$f_{ws} = \frac{1}{1 + \frac{B_w\rho_{osc}}{B_o\rho_{wsc}}\left(\frac{1}{f_w} - 1\right)} \qquad (3-21)$$

式中，f_{ws} 为地面生产的含水率，小数；f_w 为地层含水率，小数。

> 课堂讨论
>
> 以下哪些因素影响含水率的大小？
> A. 流体物性参数
> B. 油水相界面情况
> C. 地层性质
> D. 生产参数

1. 含水率的影响因素

1）水和油流度

图 3 -6 给出了不同油水黏度比下含水率与含水饱和度（water saturation）的关系示意图。随着油水黏度比(μ_o/μ_w)的增加，水油流度比$(\lambda_w/\lambda_o$，简称流度比，符号为 $M)$越大，含水率也越高。所以，在矿场应用中，可以通过提高水的黏度(如黏稠的聚合物水溶液)或者降低原油的黏度(如热力采油等)，降低水油流度比，改善开发效果。

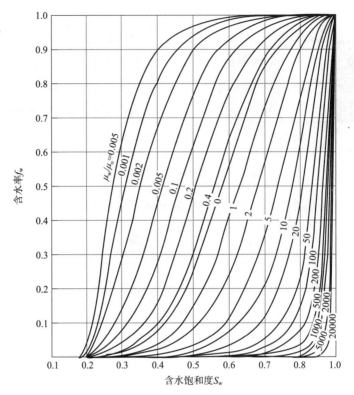

图 3 −6　不同油水黏度比下含水率与含水饱和度的关系示意图

2）毛管力

根据毛管力(P_c)的定义，可得：

$$\frac{\partial P_c}{\partial x} = \frac{\partial P_c}{\partial S_w} \cdot \frac{\partial S_w}{\partial x} \tag{3−22}$$

由水湿岩石毛细管曲线和含水饱和度变化特征曲线[图 3 −5（b）]可知，$\frac{\partial P_c}{\partial S_w} < 0$ 和 $\frac{\partial S_w}{\partial x}$ < 0。因此，对于水湿油藏而言，毛管力存在使分流量增加。

课堂讨论

从毛管力的角度，如何降低含水率？

3）重力作用与地层倾角

由公式（3 −20）可以看出，流体的重力作用$(\Delta\rho g)$和地层倾角(α)的大小也会影响含水率的大小。图 3 −7 给出了不同地层倾角时的注采情况示意图。地层倾角的范围不同，重力差起的作用不同。

当采用低部位采油和高部位注水的注采方式时，$\pi < \alpha < 2\pi$，此时 $\Delta\rho \cdot g \cdot \sin\alpha < 0$，使得含水率增加。反之，当采用高部位采油和低部位注水的注采方式时，$0 < \alpha < \pi$，此时 $\Delta\rho \cdot g \cdot \sin\alpha > 0$，使得含水率减小，能够改善注水开发效果。

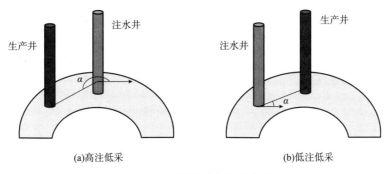

(a)高注低采   (b)低注低采

图3-7 不同注采位置示意图

4）产液量

由公式（3-20）可以看出，产液量 Q_t 位于分母中，因此，其大小的改变与分子 $\left[\dfrac{\partial P_c}{\partial x} - \Delta\rho \cdot g \cdot \sin\alpha\right]$ 的正负情况密切相关。当 $\left[\dfrac{\partial P_c}{\partial x} - \Delta\rho \cdot g \cdot \sin\alpha\right] > 0$ 时（即毛管力大于重力作用，常见于稠油油藏），含水率会减小。因此，对于常规稠油油藏通常可以采取较高的产液量进行开采。反义，当 $\left[\dfrac{\partial P_c}{\partial x} - \Delta\rho \cdot g \cdot \sin\alpha\right] < 0$ 时（即毛管力小于重力作用，常见于稀油油藏），含水率会增加。因此，对于稀油油藏采取较高的产液量进行开采时往往会引起注入水的快速突进，影响开采效果。

2. 分流量方程的简化形式

1）当不考虑毛管力时：

$$f_w = \frac{\lambda_w}{\lambda_w + \lambda_o}\left(1 - \frac{\lambda_o A\Delta\rho \cdot g \cdot \sin\alpha}{Q_t}\right) \tag{3-23}$$

2）当不考虑毛管力和重力因素或地层水平时：

$$f_w = \frac{\lambda_w}{\lambda_w + \lambda_o} \tag{3-24}$$

代入 λ_w 和 λ_o 的定义式，得：

$$f_w = \frac{KK_{rw}/\mu_w}{KK_{rw}/\mu_w + KK_{ro}/\mu_o} = \frac{K_{rw}(S_w)/\mu_w}{K_{rw}(S_w)/\mu_w + K_{ro}(S_w)/\mu_o} \tag{3-25}$$

因此，在取得了油水相对渗透率资料和油水黏度比数据后，即可计算出分流量曲线，如图3-6所示。

3. 分流量方程的应用

1）确定水驱油前缘含水饱和度 S_{wf}

根据渗流力学知识，见水前水驱前缘特征为：

$$f'_{wf} = \frac{f_{wf}}{S_{wf} - S_{wc}} \tag{3-26}$$

式中，S_{wf} 为前缘处的含水饱和度，小数；f_{wf} 为前缘含水饱和度下的含水率，小数或百分数；f'_{wf} 为前缘含水饱和度下的含水上升率，无量纲。

根据公式(3-26)，可以通过图解法求得水驱前缘的含水饱和度和两相区内平均含水饱和度。在 f_w—S_w 曲线上，通过 S_{wc} 点对曲线作切线，得到切点 B，对应为水驱前缘含水饱和度 S_{wf}，如图3-8所示。

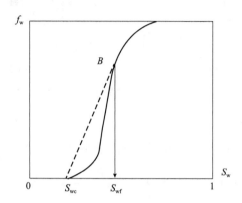

图3-8　图解法求解前缘含水饱和度

2）确定前缘饱和度面运移速度

根据渗流力学知识，前缘饱和度面运移速度特征为：

$$\frac{\mathrm{d}x}{\mathrm{d}t} = \frac{QB}{\phi A}\frac{\mathrm{d}f_w}{\mathrm{d}S_w} = \frac{QB}{\phi A}f'_w(S_w) \qquad (3-27)$$

$$x = \frac{f'_w}{\phi A}\int_0^t Q_i \mathrm{d}t \cdot B_w \qquad (3-28)$$

式中，x 为前缘等饱和度面的位置，m；$\int_0^t Q_i \mathrm{d}t$ 为地面累计注水量，m^3。公式(3-27)即为著名的 Buckley - Leverett 方程，也称为等饱和度面移动方程。表明等饱和度面的移动速度等于截面上的总速度乘以含水上升率。

图3-9给出了等饱和度面移动示意图。在生产井见水前，注入水驱替原油向油井推进，使两相区逐渐扩大，两相区的平均含水饱和度不变，但整体平均含水饱和度增加。当生产井见水后，注入水大部分经油井产出，使含水率增加，平均含水饱和度增加。

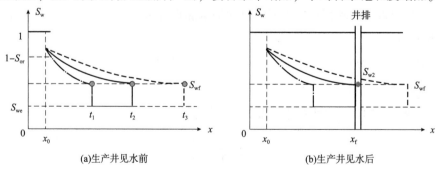

(a)生产井见水前　　　　　　　　　　(b)生产井见水后

图3-9　等饱和度面移动示意图

3）确定出口端见水前和见水时的采出程度

对于任意的区间 $(x_2 - x_1)$ 的平均含水饱和度 $\overline{S}_w$：

$$\overline{S}_w = \frac{\int_{x_1}^{x_2} S_w A\phi \mathrm{d}x}{\int_{x_1}^{x_2} A\phi \mathrm{d}x} \qquad (3-29)$$

采用分布积分法，则：

$$\overline{S}_w = \frac{S_w x \big|_{x_1}^{x_2} - \int_{S_{w1}}^{S_{w2}} x \mathrm{d}S_w}{x_2 - x_1} = \frac{x_2 S_{w2} - x_1 S_{w1}}{x_2 - x_1} - \frac{1}{x_2 - x_1} \int_{S_{w1}}^{S_{w2}} x \mathrm{d}S_w \qquad (3-30)$$

根据公式（3-28），有：

$$\int_{S_{w1}}^{S_{w2}} x \mathrm{d}S_w = \frac{W_i B_w}{\phi A} \int_{S_{w1}}^{S_{w2}} \left(\frac{\partial f_w}{\partial s_w}\right)_{S_w} \mathrm{d}S_w = \frac{W_i B_w}{\phi A} \int_{f_{w1}}^{f_{w2}} \mathrm{d}f_w = \frac{W_i B_w}{\phi A}(f_{w2} - f_{w1}) \qquad (3-31)$$

将公式（3-31）代入公式（3-30）中，得：

$$\overline{S}_w = \frac{x_2 S_{w2} - x_1 S_{w1}}{x_2 - x_1} - \frac{W_i B_w (f_{w2} - f_{w1})}{\phi A (x_2 - x_1)} \qquad (3-32)$$

选取注入端 $(x_1 \to 0, S_{w1} \to S_{wmax}, f_{w1} \to 1)$ 和油水前缘 $(x_2 \to x_f, S_{w2} \to S_{wf}, f_{w2} \to f_{wf})$ 两个端点。代入公式（3-32）中，得：

$$\overline{S}_{wf} = \frac{x_f S_{wf} - 0 \times S_{wmax}}{x_f - 0} - \frac{W_i B_w (f_{wf} - 1)}{\phi A (x_f - 0)} = S_{wf} + \frac{W_i B_w (1 - f_{wf})}{\phi A x_f} \qquad (3-33)$$

根据公式（3-28），有：

$$x_f = \frac{f'_{wf}}{\phi A} W_i \cdot B_w \qquad (3-34)$$

将公式（3-34）代入公式（3-33），求得两相区内平均含水饱和度为：

$$\overline{S}_{wf} = S_{wf} + \frac{(1 - f_{wf})}{f'_{wf}} \qquad (3-35)$$

根据公式（3-35），可以通过图解法求两相区内平均含水饱和度。在 f_w—S_w 曲线上，通过 S_{wc} 点对曲线作切线，延长此切线使与 $f_w = 1$ 横线交于点 C 即为两相区内平均含水饱和度 $\overline{S}_{wf}$，如图 3-10 所示。

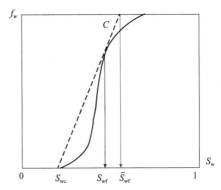

图 3-10 图解法求解见水时的平均含水饱和度

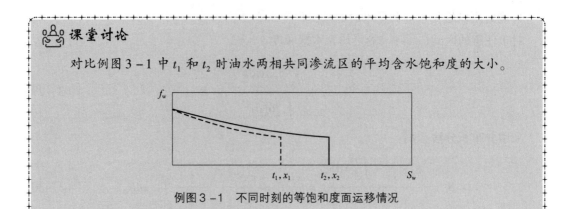

课堂讨论

对比例图 3-1 中 t_1 和 t_2 时油水两相共同渗流区的平均含水饱和度的大小。

例图 3-1　不同时刻的等饱和度面运移情况

此时，见水前的采出程度（R）为：

$$R = \frac{N_p}{N} = \frac{\phi A x_f (\overline{S}_{wf} - S_{wc})/B_o}{\phi A L (1 - S_{wc})/B_{oi}} = \frac{x_f (\overline{S}_{wf} - S_{wc})/B_o}{L(1 - S_{wc})/B_{oi}} \qquad (3-36)$$

刚见水时，$x_f = L$。因此，见水时的采收率为：

$$R = \frac{N_p}{N} = \frac{\phi A L (\overline{S}_{wf} - S_{wc})/B_o}{\phi A L (1 - S_{wc})/B_{oi}} = \frac{(\overline{S}_{wf} - S_{wc})/B_o}{(1 - S_{wc})/B_{oi}} \qquad (3-37)$$

此时的采收率也称为无水采收率。

4）确定出口端饱和度 S_{we} 下的地层含水率和采出程度。

直接根据图解法可以在图 3-11 中的含水率曲线上找到出口端饱和度 S_{w2} 时对应曲线上点 D 的纵坐标，即为出口端饱和度 S_{we} 下的地层含水率 f_{we}。

选取注入端（$x_1 \to 0$，$S_{w1} \to S_{wmax}$，$f_{w1} \to 1$）和油水前缘（$x_2 \to L$，$S_{w2} \to S_{we}$，$f_{w2} \to f_{we}$）两个端点。代入公式（3-32）中，得：

$$\overline{S}_{we} = \frac{L S_{we} - 0 \times S_{wmax}}{L - 0} - \frac{W_i B_w (f_{we} - 1)}{\phi A (L - 0)} = S_{we} + \frac{W_i B_w (1 - f_{we})}{\phi A x_f} \qquad (3-38)$$

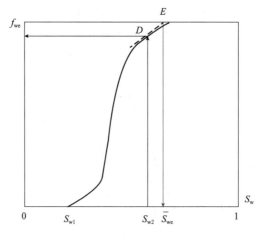

图 3-11　图解法求解出口端饱和度 S_{w2} 下的含水率平均含水饱和度

引入无因次注入孔隙体积倍数($I_{pv} = \dfrac{W_i}{A\phi L}$)的概念，则：

$$\overline{S}_{we} = S_{we} + I_{pv}\left(1 - f_{we}\right) \qquad (3-39)$$

根据公式($3-34$)，有 $L = \dfrac{W_i}{\phi A}f'_{we}$，则有：

$$I_{pv} = \frac{1}{f'_{we}} \qquad (3-40)$$

将公式($3-40$)代入公式($3-39$)中，得到见水后的平均含水饱和度为：

$$\overline{S}_{we} = S_{we} + \frac{1 - f_{we}}{f'_{we}} \qquad (3-41)$$

此时，可以根据图解法求解见水后的平均含水饱和度。沿着图 $3-11$ 中点 D 作含水率曲线的切线，与 $f_w = 1$ 横线交于 E 点，该点对应的横坐标 $\overline{S}_{we}$ 即为两相区内平均含水饱和度。

见水后的采出程度(R)为：

$$R = \frac{N_p}{N} = \frac{\phi AL(\overline{S}_{we} - \overline{S}_{wc})/B_o}{\phi AL(r\overline{S}_{wc})/B_{oi}} = \frac{(\overline{S}_{we} - \overline{S}_{wc})/B_o}{(1 - \overline{S}_{wc})/B_{oi}} \qquad (3-42)$$

3.2.5.2 单油层排状注水生产指标预测

假设一维地层，长度 L，孔隙度已知，截面积 A，油水黏度比、油水相对渗透率曲线已知，注入速度恒定 Q_i(地面注水量)，刚性驱替，不考虑重力作用和毛管力的影响，地层水平。此时，分析该油藏的注水生产指标计算方法。

1. 见水前

地层见水前的瞬时指标和累计指标的动态计算方法如下。

(1)利用油水相对渗透率曲线和油水黏度数据计算分流量曲线。

(2)利用图解法(图 $3-10$)，计算未见水前水驱前缘含水饱和度 S_{wf} 和油水两相共同渗流区的平均含水饱和度 $\overline{S}_{wf}$。

(3)将整个地层按照水驱油方向等分成若干份，如图 $3-12$ 所示。

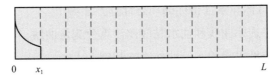

图 $3-12$ 整个地层按照水驱油方向等分成若干份示意图

(4)计算油水前缘到达第 1 等分点时的瞬时生产指标。

由于此时地层出口端未出水，$f_w = 0$；无产水量，$Q_w = 0$；地层产油量($Q_o B_o$)等于地层产液量，也等于地层注水量($Q_i B_w$)，$Q_o = Q_1 = Q_i B_w/B_o$。

（5）计算油水前缘到达第 1 等分点时的累计生产指标。

此时无累计产水量，$W_p = 0$，根据地层平均饱和度变化可以求出累计产油量，$N_p = \phi A x_1 (\bar{S}_{wf} - S_{wc})/B_o$；根据公式（3 - 35），此时的采出程度为：

$$R = \frac{x_1 (\bar{S}_{wf} - S_{wc})/B_o}{L(1 - S_{wc})/B_{oi}} \tag{3 - 43}$$

（6）计算油水前缘到达第 1 等分点时的时间 t_1。

由于见水前地层中的累计产油量（$N_p B_o$）等于累计注水量（$W_i B_w$），则有：

$$W_i = N_p B_o / B_w = \phi A x_1 (\bar{S}_{wf} - S_{wc})/B_w \tag{3 - 44}$$

又因为 $W_i = Q_i \cdot t$，因此，油水前缘到达第 1 等分点时的时间 t_1 为：

$$t_1 = \frac{W_{i1}}{Q_i} = \frac{\phi A x_1 (\bar{S}_{wf} - S_{wc})/B_w}{Q_i} \tag{3 - 45}$$

（7）循环步骤④⑤⑥，一直到前缘达到出口端（$x_f = L$）结束，如图 3 - 13 所示。

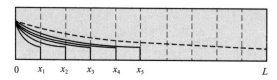

图 3 - 13　循环计算步骤示意图

当 $x_f = L$ 时，对应的参数即见水时刻的开发指标。此时的无水产油量为：

$$N_p = \phi A L (\bar{S}_{wf} - S_{wc})/B_o \tag{3 - 46}$$

无水采收率为：

$$R = \frac{L(\bar{S}_{wf} - S_{wc})/B_o}{L(1 - S_{wc})/B_{oi}} = \frac{(\bar{S}_{wf} - S_{wc})/B_o}{(1 - S_{wc})/B_{oi}} \tag{3 - 47}$$

无水采油期为：

$$t = \frac{W_i}{Q_i} = \frac{\phi A L (\bar{S}_{wf} - S_{wc})/B_w}{Q_i} \tag{3 - 48}$$

（8）整理计算结果，绘制相应的曲线图表。

2. 见水后

地层见水后的瞬时指标和累计指标的动态计算方法如下。

（1）利用油水相对渗透率曲线和油水黏度比计算分流量曲线。

（2）利用图解法确定见水时的水驱油前缘饱和度 S_{wf}。

（3）将 $S_{wf} \rightarrow S_{wmax}$ 进行等区间划分，得到系列见水后出口段含水饱和度点 S_{we}；当见水后，出口端饱和度不断上升，可以适当减小步长，增加计算点。

（4）利用图解法确定每个 S_{we} 对应 $\bar{S}_{we}$、f_{we} 和 f'_{we}，然后根据公式（3 - 39）计算出 I_{pv}。

（5）计算对应 S_{we} 下的地层产液量（Q_t）、地面产水量（Q_w）、地面产油量（Q_o），其表达式分别为：

$$Q_t = Q_i \cdot B_w \quad\quad (3-49)$$

$$Q_w = f_w Q_t / B_w \quad\quad (3-50)$$

$$Q_o = (1 - f_w) Q_t / B_o \quad\quad (3-51)$$

(6)计算对应 S_{we} 下的累计产油量(N_p)、累计产液量(L_p)、累计产水量(W_p)、采出程度(R)指标，其表达式为：

$$N_p = \phi A L (\bar{S}_{we} - S_{wc}) / B_o \quad\quad (3-52)$$

$$L_p = W_i B_w / B_o = Q_i \cdot t \cdot B_w / B_o \quad\quad (3-53)$$

$$W_p = (L_p - N_p) / B_w \quad\quad (3-54)$$

(7)计算 t 与指标的关系。

由于见水后的累计注水量满足下面的方程：

$$W_i = Q_i \cdot t = \frac{A\phi L \cdot I_{pv}}{B_w} = \frac{A\phi L}{B_w} \frac{1}{f'_{we}} \quad\quad (3-55)$$

因此，t 与指标之间的关系如下：

$$t = \frac{A\phi L \cdot I_{pv}}{Q_i \cdot B_w} = \frac{A\phi L}{Q_i \cdot B_w} \frac{1}{f'_{we}} \quad\quad (3-56)$$

(8)整理计算结果，绘制图表。

课堂例题 3-1

某一直线水平纯油藏一端注水，一端采油，刚性水驱，恒速注水，注水量为 $100\text{m}^3/\text{d}$，油藏宽90m，厚4m，长200m，原油体积系数 $B_o = 1.25\text{m}^3/\text{m}^3$，水的体积系数 B_w 为 $1.0\text{m}^3/\text{m}^3$。孔隙度为0.20，油黏度为 $5\text{mPa} \cdot \text{s}$，分流量曲线如例图3-2所示。

(1)判断该生产井见水时(地面条件下的)含水率？

(2)该生产井见水时，其分别对应的累计注入量，累计产油量？

(3)生产井见水时间？

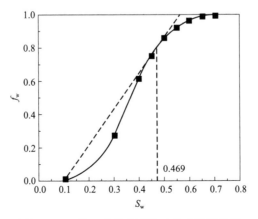

例图3-2　某一直线水平纯油藏分流量曲线

解：

（1）地下含水率为0.8，折算地面含水率 $f_{\text{ws}} = \dfrac{1}{1 + \dfrac{B_{\text{w}}}{B_{\text{o}}}\left(\dfrac{1}{f_{\text{w}}} - 1\right)} = 0.83333$

（2）两相区平均含水饱和度0.56

见水时地下产油量 $N_1 = 6624\text{m}^3$

见水时累计注入量 $W_i = N_1/B_{\text{w}} = 6624 \text{ m}^3$

见水时累计产油量 $N_p = N_1/B_{\text{o}} = 5299 \text{ m}^3$

（3）$t = W_i/Q_i = 6624 \text{ m}^3/100\text{m}^3/\text{d} = 66.24\text{d}$

课堂讨论

分析恒压差注水时的计算方法，它与恒速注水动态计算有何差别？

3.2.5.3 多油层排状注水生产指标预测

如图3-14(a)所示，斯蒂尔斯把纵向不均质油藏简化为若干均质的多层油藏，并将每个小层水驱近似为活塞式驱替，活塞前缘的推进距离主要取决于地层的渗透率 K。经过一段时间后，各小层水驱前缘位置如图3-14(a)所示。为方便书写，将各小层按照渗透率由大到小排序，形成一个假想的流动剖面，注入水沿渗透率较高的单层或层段突进，并较早地在生产井底突破，如图3-14(b)所示。

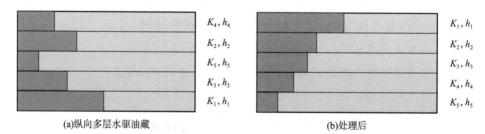

(a)纵向多层水驱油藏　　　　　　　　(b)处理后

图3-14　纵向多层水驱油藏处理前后示意图

假设开发单元地层长度为 L，宽度为 B，由 n 个单层组成。注水时单层按渗透率大小先后水淹，当注入水从第 j 层刚刚突破生产井时，第 j 层及比第 j 层渗透率大的所有单层都已全部水淹，而渗透率比 j 层小的所有单层仍然产油，每个单层中水驱前缘的运动距离与该层渗透率大小成正比。

1. 含水率

第 j 层刚刚水淹时，生产井的产水量 Q_{w} 为：

$$Q_{\text{w}} = \frac{BK_{\text{rwro}}\Delta p}{\mu_{\text{w}}B_{\text{w}}L}\sum_{i=1}^{j}K_i h_i \qquad (3-57)$$

式中，B 为带状油藏宽度，m；K_{rwro} 为残余油下水相相对渗透率。

第 j 层刚刚水淹时，生产井的产油量 Q_o 为：

$$Q_o = B\Delta p \left(\frac{K_{rwro}}{\mu_w B_w} \sum_{i=j+1}^{n} \frac{K_i h_i}{\frac{K_i}{K_j} L} + \frac{K_{rocw}}{\mu_o B_o} \sum_{i=j+1}^{n} \frac{K_i h_i}{L - \frac{K_i}{K_j} L} \right) \tag{3-58}$$

$$= \frac{B K_j \Delta p}{L} \left(\frac{K_{rwro}}{\mu_w B_w} \sum_{i=j+1}^{n} h_i + \frac{K_{rocw}}{\mu_o B_o} \sum_{i=j+1}^{n} \frac{K_i h_i}{K_j - K_i} \right)$$

式中，K_{rocw} 为束缚水下油相相对渗透率。

水油比 F 为：

$$F = \frac{Q_w}{Q_o} = \frac{\sum\limits_{i=1}^{j} K_i h_i}{K_j \left(\sum\limits_{i=j+1}^{n} h_i + \frac{K_{rocw}}{K_{rwro}} \frac{\mu_w B_w}{\mu_o B_o} \sum\limits_{i=j+1}^{n} \frac{K_i h_i}{K_j - K_i} \right)} \tag{3-59}$$

含水率 f_w 为：

$$f_w = \frac{F}{1+F} \tag{3-60}$$

由于各层物性参数 (K, ϕ, S_w) 的变化不是连续的，而是阶梯式的，所以计算得到的分流量 f_w 与饱和度 S_w 的关系也是呈阶梯式的。随着各层逐步水淹，水油比 F 也呈台阶状变化（图 3-15），随着分层数目的增加，f_w—S_w 关系曲线将变得更加光滑。

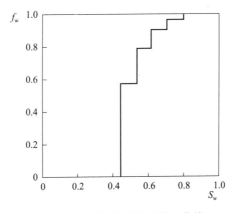

图 3-15 五层模型的分流量曲线

2. 累计产油量

当第 j 层及比第 j 层渗透率大的所有单层全部水淹时，其中的可动原油全部采出，这些层的累计产油量 N_{p_1} 为：

$$N_{p_1} = BL\phi S_{om}(h_1 + h_2 + \cdots + h_j)/B_o = BL\phi S_{om} \sum_{i=1}^{j} h_i / B_o \tag{3-61}$$

$$S_{om} = 1 - S_{wc} - S_{or}$$

式中，S_{ow} 为可动原油饱和度，小数。

渗透率比 j 层小的所有单层还在产油，这些层的累计产油量 N_{p_2} 为：

$$N_{p_2} = \frac{B\phi S_{om}}{B_o}\left(h_{j+1}\frac{K_{j+1}}{K_j}L + h_{j+2}\frac{K_{j+2}}{K_j}L + \cdots + h_n\frac{K_n}{K_j}L\right) = \frac{BL\phi S_{om}}{B_o K_j}\sum_{i=j+1}^{n}K_i h_i \qquad (3-62)$$

式中，n 为小层数。

所有层的累计产油量 N_p 为：

$$N_p = N_{p_1} + N_{p_2} = \frac{BL\phi S_{om}}{B_o}\left(\sum_{i=1}^{j}h_i + \frac{1}{K_j}\sum_{i=j+1}^{n}K_i h_i\right) \qquad (3-63)$$

3. 采出程度

开发单元的地质储量 N 为：

$$N = BL\phi(1-S_{wc})\sum_{j=1}^{n}h_i/B_{oi} \qquad (3-64)$$

采出程度 R 为：

$$R = \frac{N_p}{N} = \frac{S_{om}\left(\sum_{i=1}^{j}h_i + \frac{1}{K_j}\sum_{i=j+1}^{n}K_i h_i\right)/B_o}{(1-S_{wc})\sum_{i=1}^{n}h_i/B_{oi}} \qquad (3-65)$$

开发单元的可采储量 N_R 为：

$$N_R = BL\phi S_{om}\sum_{i=1}^{n}h_i/B_{oi} \qquad (3-66)$$

可采储量采出程度 R 为：

$$R = \frac{N_p}{N_R} = \frac{\sum_{i=1}^{j}h_i + \frac{1}{K_j}\sum_{i=j+1}^{n}K_i h_i}{\sum_{i=1}^{n}h_i}\cdot\frac{B_o}{B_{oi}} = \frac{K_j\sum_{i=1}^{j}h_i + \sum_{i=1}^{n}K_i h_i - \sum_{i=1}^{j}K_i h_i}{K_j\sum_{i=1}^{n}h_i}\cdot\frac{B_o}{B_{oi}} \qquad (3-67)$$

令 $C_t = \sum_{i=1}^{n}K_i h_i$，称为地层总通过能力；$C_j = \sum_{i=1}^{j}K_i h_i$，称为水淹层总通过能力；$K_i h_i$ 称为第 i 单层的地层系数，则有：

$$R = \frac{K_j\sum_{i=1}^{j}h_i + C_t - C_j}{K_j\sum_{i=1}^{n}h_i}\cdot\frac{B_o}{B_{oi}} \qquad (3-68)$$

4. 瞬时产油量

若瞬时注水量为 Q_{inj}，则瞬时产油量为 Q_o：

$$Q_o = Q_{inj}(1-f_w)\frac{B_w}{B_o} \qquad (3-69)$$

5. 各单层开发时间

第 j 层累计产油量 ΔN_p 为：

$$\Delta N_{\mathrm{p}} = N_{\mathrm{p}}(j) - N_{\mathrm{p}}(j-1) \tag{3-70}$$

第 j 层开发时间 Δt 为：

$$\Delta t = \frac{\Delta N_{\mathrm{p}}}{Q_{\mathrm{o}}} \tag{3-71}$$

3.2.5.4 面积注水生产指标预测

在面积注水开发方式中，油田的生产指标计算包括解析解方法和等值渗流阻力法。

1. 解析解法

1）直线排状注水系统（$d/a \geqslant 1$）

$$Q = \frac{0.1178 K K_{\mathrm{ro}}(S_{\mathrm{wc}}) h \Delta p}{\mu_{\mathrm{o}} B_{\mathrm{w}} \left(\lg \dfrac{a}{r_{\mathrm{w}}} + 0.682 \dfrac{d}{a} - 0.798 \right)} \tag{3-72}$$

式中，Δp 为注水井与生产井的流压差，MPa；Q 为产量，$\mathrm{m^3/d}$；K 为油层绝对渗透率，$10^{-3} \mu \mathrm{m}^2$；$K_{\mathrm{ro}}(S_{\mathrm{wc}})$ 为束缚水饱和度为 S_{wc} 时的油相渗透率；h 为油层厚度，m；μ_{o} 为原油黏度，$\mathrm{mPa \cdot s}$；r_{w} 为井半径，m；d 为排距，m；a 为井距，m。图 3-16 给出了不同类型井网及排距和井距的示意图。

(a)直线排状系统   (b)五点系统   (c)反九点系统

图 3-16 不同井网示意图

2）交错排状注水系统（$d/a \geqslant 1$）

$$Q = \frac{0.1178 K K_{\mathrm{ro}}(S_{\mathrm{wc}}) h \Delta p}{\mu_{\mathrm{o}} B_{\mathrm{w}} \left(\lg \dfrac{a}{r_{\mathrm{w}}} + 0.682 \dfrac{d}{a} - 0.798 \right)} \tag{3-73}$$

3）五点井网

$$Q = \frac{0.1178 K K_{\mathrm{ro}}(S_{\mathrm{wc}}) h \Delta p}{\mu_{\mathrm{o}} B_{\mathrm{w}} \left(\lg \dfrac{d}{r_{\mathrm{w}}} - 0.2688 \right)} \tag{3-74}$$

4）反七点井网

$$Q = \frac{0.1571 K K_{\mathrm{ro}}(S_{\mathrm{wc}}) h \Delta p}{\mu_{\mathrm{o}} B_{\mathrm{w}} \left(\lg \dfrac{d}{r_{\mathrm{w}}} - 0.2472 \right)} \tag{3-75}$$

5）反九点井网

角井：

$$Q = \frac{0.1178KK_{ro}(S_{wc})h\Delta p_{ic}}{\mu_o B_w \left(\frac{1+R}{2+R}\right)\left(\lg\frac{d}{r_w} - 0.1183\right)} \qquad (3-76)$$

边井：

$$Q = \frac{0.1178KK_{ro}(S_{wc})h\Delta p_{is}}{\mu_o B_w \left[\left(\frac{3+R}{2+R}\right)\left(\lg\frac{d}{r_w} - 0.1183\right) - \frac{0.301}{2+R}\right]} \qquad (3-77)$$

式中，Δp_{ic} 为注水井与角井的流压差，MPa；Δp_{is} 为注水井与边井的流压差，MPa；R 为角井与边井的产量比。

以上注水速度公式是以流度比为 1 且流体为不可压缩时的面积注水方式推导而来的。当流度比不为 1 时，初始注水速度可按在束缚水饱和度下的油相流度计算；当油井全部水淹后，注水速度可按在剩余油饱和度下的水相流度计算。

2. 等值渗流阻力法

通过应用水电相似原理和等值渗流阻力法，将地层中流体的流动视为由两个径向流组成：一是从注水井到圆形生产坑道的径向流；二是从圆形生产坑道到生产井底的径向流。通过这种方法，可以得到不同布井方式下的生产动态指标。

等值渗流阻力法的基本计算步骤如下：首先，将各种面积井网中的不同几何形状的基本单元转换为圆形。以注水井为中心，注入的水向四周扩展，并以非活塞式向生产井推进。其次，假定油层为均质。水驱油过程可以划分为三个连续流动区：第一区是从注水井到油水接触前缘，为两相渗流区（Ω）；第二区是从油水前缘到生产坑道，为油单相渗流区（S）；第三区是从生产坑道到生产井井底，为内部阻力区（ψ），如图 3-17 所示。

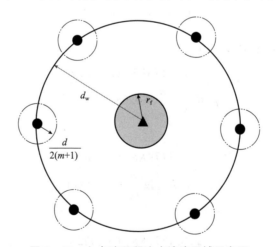

图 3-17　七点法面积注水渗流区域示意图

1）面积注水的初始产量

初始状态下，从

$$Q_o = \frac{\Delta p}{\Omega + S + \psi} = \frac{2\pi h K K_{ro}\Delta p}{\mu_o B_o\left[\ln\dfrac{d_w}{r_w} + \dfrac{1}{m}\ln\dfrac{d_w}{2(m+1)r_w}\right]} \tag{3-78}$$

式中，d_w 为注采井井距，m；m 为油水井数比。

单个油井的产量为：

$$Q_p = \frac{Q_o}{m} \tag{3-79}$$

式中，Q_p 为单井产量。

2）见水前的产量

$$Q_o = \frac{2\pi K h K_{ro}(S_{wc})\Delta p}{\mu_o B_o\left[\dfrac{K_{ro}(S_{wc})/\mu_o}{K_{rw}(S_{wf})/\mu_w + K_{ro}(S_{wf})/\mu_o}\ln\dfrac{r_f}{r_w} + \ln\dfrac{d_w}{r_f} + \dfrac{1}{m}\ln\dfrac{d_w}{2(m+1)r_w}\right]} \tag{3-80}$$

式中，r_f 为注水前缘，由一维径向水驱油前缘移动方程求得。

油井见水时间为：

$$t_f = E\frac{d_w^2}{2}\left[(A-B)\left(\ln d_w - \frac{1}{2}\right) + D\right]/C_s \tag{3-81}$$

式中，C_s 为面积折算系数，指的是假想的驱替前缘所包围的圆形面积与注水井实际控制面积的比值。如五点井网的 $C_s = \pi/2 \approx 1.57$。其他参数表达式如下。

$$A = \frac{K_{ro}(S_{wc})/\mu_o}{K_{rw}(S_{wf})/\mu_w + K_{ro}(S_{wf})/\mu_o} \tag{3-82}$$

$$B = 1 \tag{3-83}$$

$$C = \frac{1}{m}\ln\frac{d_w}{2(m+1)r_w} \tag{3-84}$$

$$D = C + B\ln d_w - A\ln r_w \tag{3-85}$$

$$E = \frac{\phi(\overline{S_w} - S_{wc})\mu_o}{K K_{ro}(S_{wc})\Delta p} \tag{3-86}$$

3）见水后的产量

$$Q_L = \frac{\Delta p}{R_1 + R_2} = \frac{2\pi K h\Delta p\left[\dfrac{K_{ro}(S_{we})}{\mu_o} + \dfrac{K_{rw}(S_{we})}{\mu_w}\right]}{\ln\dfrac{d_w}{r_w} + \dfrac{1}{m}\ln\dfrac{d_w}{2(m+1)r_w}} \tag{3-87}$$

单个油井的产液量为：

$$Q_{pL} = \frac{Q}{m} \tag{3-88}$$

油井见水时间为：

$$t = t_f + A_e(B_e + C_e)\int_{\overline{S}_{wf}}^{\overline{S}_{we}}\frac{1}{K_{ro}(S_{we})}d\overline{S}_w \tag{3-89}$$

其中：

$$A_e = \frac{\mu_o \phi d^2}{2K\Delta p C_s} \qquad\qquad (3-90)$$

$$B_e = \ln \frac{d_w}{r_w} \qquad\qquad (3-91)$$

$$C_e = \frac{1}{m}\ln \frac{d_w}{2(m+1)r_w} \qquad\qquad (3-92)$$

以上的面积注水开发指标计算只是简单的估算，在数值模拟技术没有应用之前，是主要的计算动态的方法。现在油藏动态的计算方法，一般采用数值模拟计算。

实践与思考

1. 油田驱动方式与生产指标调研

(1)调研目的：深入了解油田的驱动方式和生产指标情况。

(2)调研对象：选取国内外典型的油田，如大庆油田、胜利油田、新疆油田、长庆油田等。

(3)调研内容：主要包括驱动方式的类型、特点和适用条件，生产指标的定义、计算方法和影响因素等方面。

(4)调研安排：查阅文献(3天)、资料分析(2天)、撰写报告(2天)。

(5)调研报告：详细阐述调研结果，并提出相关建议和改进措施。

2. 课后思考题

(1)已知水驱分流量方程：

$$f_w = \frac{\lambda_w}{\lambda_w + \lambda_o}\left[1 + \frac{\lambda_o A\left(\frac{\partial P_c}{\partial x} - \Delta\rho \cdot g \cdot \sin\alpha\right)}{Q_t} \right]$$

试分析重力对含水率变化的影响，以及如何选择合理的注采井位。

(2)根据分流量方程，简述从流度的角度出发，如何控制含水率。

(3)一维油水两相非活塞式水驱油，当出口端含水饱和度为 $S_{we}(S_{we} > S_{wf})$ 时，①利用图解法确定此时油藏内平均含水饱和度，②用公式表示此时油藏的采出程度。

(4)推导一维两相非活塞式水驱的无水采收率；确定出口端含水饱和度为 $S_{we}(S_{we} > S_{wf})$ 时的油藏累计注水量及油藏采出程度。

(5)当忽略毛管力和重力时，在题图 3-1 中说明如何根据水驱系统分流量曲线，确定生产井见水时(注入水刚刚到达生产井时)驱替前缘的含水饱和度，和该系统平均含水饱和度，以及水突破后，出口端含水饱和度为题图 3-1 中 S_{w2} 时系统平均含水饱和度和出口端含水率。

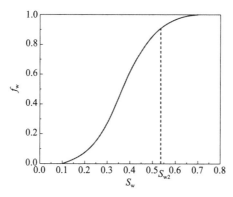

题图 3 - 1　分流量曲线

（6）稀油油藏的水油流度比小于 1 时，水驱特征近似活塞式水驱。请画出此时的分流量曲线示意图，并在图上标明 S_{wc}，S_{or}，f_w 和驱替前缘饱和度 S_{wf}。

（7）下列表格为某一油藏的生产数据，根据该表格估算该油藏泡点压力值，并简要说明理由。

压力 p/MPa	生产气油比 R_p/（m³/m³）	原油体积系数 B_o/（m³/m³）
25.33	400	1.2417
24.23	400	1.2480
21.76	400	1.2511
20.48	300	1.2222
18.62	250	1.2022

（8）下列表格为某一纯油藏的 PVT 数据，根据该表格数据确定如果要保持该油藏平均压力始终等于泡点压力，应该在油藏平均压力值下降到多少开始注水。如果保持生产井每天产液量为 1000m³/d，求解保持油藏平均压力维持在泡点压力时，每天所需的注水量。

压力 p/MPa	生产气油比 R_p/（m³/m³）	原油体积系数 B_o/（m³/m³）
27.58	450	1.2417
24.13	450	1.2480
22.96	450	1.2511
20.68	400	1.2222
18.62	350	1.2022

（9）某一线性水平油藏一端注水，一端采油，刚性水驱，恒速注水，注水量为 100m³/d，油藏宽 100m，厚 10m，长 700m，原油体积系数 $B_o = 1.21$ m³/m³，水的体积系数 $B_w = 1.0$ m³/m³。孔隙度为 0.20，对于给定的同一相对渗透率曲线，同一水黏度，水的黏度 = 1mPa·s 针对不同黏度的油，驱替效果也不同，假设有三种不同的组合，油 1 的黏度 =

40mPa·s，油2黏度=4mPa·s，油3黏度=0.4mPa·s，分流量曲线如题图3-2所示。

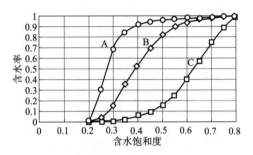

题图3-2 不同原油黏度油藏的分流量曲线

①根据该分流量曲线图，确定黏度为0.4mPa·s的油3的分流量曲线为A、B、C中的哪一条曲线，并确定其生产井见水时，黏度为0.4mPa·s的油3的系统内平均含水饱和度。

②计算黏度为0.4mPa·s的油3在生产井见水时，其分别对应的生产时间(即生产井见水时间)、累计注入量和累计产油量。

(10)某一直线水平油藏一端注水，一端采油，刚性水驱，恒速注水，注水量为200m³/d，油藏宽100m，厚7m，长200m，原油体积系数B_o=1.25m³/m³，水的体积系数B_w=1.0m³/m³。孔隙度为0.25，该油藏的油水相对渗透率曲线如题图3-3(a)，分流量曲线如题图3-3(b)。(注：bt为水突破点)。求该油藏的无水采油期、无水累计产油量和无水采收率。

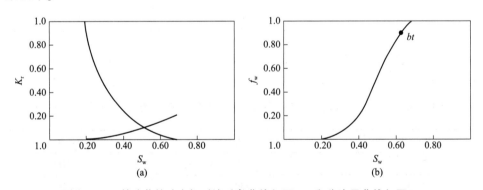

题图3-3 某油藏的油水相对渗透率曲线如图(a)和分流量曲线如图(b)

(11)对于给定的同一相对渗透率曲线，同一水黏度，水的黏度=1mPa·s，针对不同黏度的油，驱替效果也不同，假设有三种不同的组合，油1的黏度=30mPa·s，油2黏度=5mPa·s，油3黏度=0.7mPa·s，分流量曲线如题图3-4所示。

①确定该图对应的是三种黏度油中的哪一种油的分流量曲线图。

②确定其生产井见水时，该分流量曲线图对应的油的驱替前缘饱和度和系统内平均含水饱和度(用图中字符表述)。

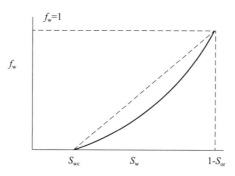

题图 3-4　某油藏的分流量曲线

（12）某一直线水平油藏一端注水，一端采油，刚性水驱，恒速注水，注水量为 $100m^3/d$，油藏宽90m，厚4m，长200m，原油体积系数 $B_o=1.25m^3/m^3$，水的体积系数 B_w 为 $1.0m^3/m^3$。孔隙度为0.20，油的黏度为 $0.5mPa \cdot s$，S_{wc} 为0.2，S_{or} 为0.3，水的黏度为 $1mPa \cdot s$，分流量曲线如题图 3-5。

①判断该生产井见水时含水率（地面条件下的含水率）。

②该生产井见水时的累计注入量和累计产油量（单位为 $10^4 m^3$）。

③生产井见水时间（单位为d）。

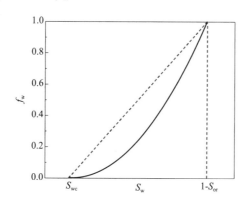

题图 3-5　某直线水平油藏的分流量曲线

课外书籍与自学资源推荐

1. 标准《油田开发主要生产技术指标及计算方法》

标准号：SY/T 6366—2005

出版社：石油工业出版社

出版时间：2005 年

推荐理由：这部标准规定了水驱油田开发主要生产技术指标的取值规定、计算方法、参数符号及计量单位，适用于常规注水油田开发生产技术指标的整理和计算，对其他类型的油田也具有参考价值。学习这部标准，油藏工程专业的学生和从业者可以掌握油田开发主要生产技术指标的计算方法，提高在实际工作中对生产数据分析和处理的能力。同时，这部标准还能帮助学生和从业者了解油田开发过程中的关键技术指标，为油藏工程设计和生产管理提供重要依据。

2. 标准《气田开发主要生产技术指标及计算方法》

标准号：SY/T 6170—2012

出版社：石油工业出版社

出版时间：2012 年

推荐理由：这部标准为气田(藏)开发的主要生产技术指标提供了规范的计算方法、参数符号及计量单位。适用于气田(藏)开发生产的技术指标计算，包括储量、产能、产量、开发现状、经济效益等多个关键指标。学习这部标准，油藏工程专业的学生和从业者可以深入理解气田开发的关键技术指标，提升对生产数据分析和处理的能力。同时，这部标准还有助于学生和从业者掌握气田开发的整体流程，为实际工作提供重要依据。

4

油气藏动态监测原理

🎓 **知识与能力目标**

➢ 了解油藏动态监测方法的类型与内容。

➢ 重点掌握压力监测资料的解释方法。

➢ 理解油藏动态监测对油田开发决策和调整的重要性。

🔷 **素质目标**

➢ 养成严谨、细致的工作态度，具备准确分析和处理油气藏监测数据的能力。

实时透视——现代油田的动态监测技术

在克拉玛依油田的油藏管理中，动态监测技术的现代化应用是一项核心工作。自2003年起，油田着手建立了一个以压力恢复测试、两参测试、同位素测试、全分析及系统试井为基础的动态监测网络。这一网络的建立，为油水井措施的制定提供了关键的数据支持，并加深了对油藏动态及水运动规律的理解。

为了精确判定油藏的平面水淹特征与剩余油分布，选取多口井进行水淹程度分级，并统计了相关的日产液量、日产油量和含水率等数据。这些数据如同油藏的指纹，通过分析，揭示油藏的"秘密"。如在某一特定油藏区域，主流线部位的油井表现出较高的日产液量和含水率，而边心滩部位的油井则较低。这一发现对于油藏的调整和优化具有重要意义。

在合理开采界限的确定方面，通过试井资料评估了合理的生产压差，并采取了一系列措施来提高产量，如转抽、换大泵等。这些措施有效地利用了地层能量，提升了油井的产量。

此外，平面压力场分布的调整也是油藏管理的关键环节。在宏观注水调控的同时，依据监测数据，细微调整水驱剖面的注入量，成为改善组合水驱效果的主要策略。这一调整过程如同为油藏注入了新的活力，有助于提高油井的产量。

压力恢复曲线在压裂选井中的应用，为油藏的增产提供了重要指导。通过分析压力恢复曲线和复压解释结果，能够区分压裂的两种主要方式，即压裂解除污染和压裂引效。这一方法的应用，如同为油藏注入了新的活力，提高了油井的产量。

问题与思考

(1)上述案例给你带来什么样的启发？

(2)什么是压力恢复试井？试井的类型有哪些？

(3)试井的目的与作用有哪些？

4.1　油气藏动态监测简介

油田开发动态监测是非常关键的一环。这是因为油气藏是一个复杂的系统，而油田开发方案的设计仅仅是在油田存在少量井的静态和动态资料的基础上作出的。当油田全面正式投入开发后，可以通过动态监测，可以对油藏进行再认识，更好地理解油藏的特征和行为，从而优化开发策略。

油藏动态监测(dynamic reservoir monitoring)是指利用多样化的仪器和仪表，通过多种测试技术和测量方法，收集油藏开发过程中井下和油层中的关键动态数据。这些数据是第一手的、代表性的，并能反映出油藏的动态变化特征。对这些数据进行系统的整理和综合分析，可以加深对油藏开发规律的理解，并预测油藏未来的开发趋势和关键指标。基于这些分析，制订出符合油藏实际情况的开发方案、技术政策和调整策略，以指导油藏的合理开发。动态监测和动态分析是油藏开发整个生命周期中不可或缺的部分。

油气藏动态监测的主要内容因具体油田情况而异，一般要求进行产量监测、油水井压力监测、驱油剂前缘位置监测、生产井产出剖面监测、注水井吸水剖面监测、井下技术状况监测等。

1. 产量监测

产量是油田开发中的最重要指标之一，产量监测(production surveillance)旨在掌握油气井的实际产出情况，评估开发效果，为调整生产策略提供依据。通常液体通过液位计进行计量，含水率通过取样化验得到，伴生气通过涡轮流量计或孔板流量计测定。通过定期测量生产井的油气水产量，并进行统计分析，以确定生产趋势和潜在问题。在产量监测时，应确保监测数据的准确性和连续性，及时反映产量变化，为生产调整提供依据。

2. 油水井压力监测

压力也是油田开发中的最重要指标之一，压力监测(pressure surveillance)有助于了解油藏压力状态，评估油水井的工作状况，为调整注水策略提供依据。压力监测可以通过压力计、流量计等设备进行。通过定期对油水井进行压力测试，绘制压力变化曲线，分析压力动态，有助于进一步校准油藏开发模型。每年压力监测工作量一般占动态监测工作总量的50%，已成为油藏动态监测最主要的内容。

3. 驱油剂前缘位置监测

驱油剂前缘位置监测有助于掌握水驱油过程，评估驱油效果，为调整水驱策略提供依据。驱油剂前缘位置监测可以每季度测量油水界面、油气界面或边底水附近观察井的流体产出剖面变化，也可以通过钻密闭取芯检查井、水淹层测井、试油以及中子寿命方法、碳氧比能谱测井等方法。

4. 生产井产出剖面监测

产出剖面监测(production profile surveillance)旨在了解各层位的产出贡献和产能，为评估生产井工作状况和调整生产策略提供依据。产出剖面监测可以通过生产井测试、深井流量计、井温仪等手段得到分层产液量和分层含水率等参数，了解多油层的动用和水淹情况，指出注水及分层改造效果，绘出各油层的油水分布图，为分层动态分析提供资料。

5. 注水井吸水剖面监测

吸水剖面监测有助于了解各层位的吸水能力和注水效果，为调整注水策略和优化注水方案提供依据。吸水剖面监测可以通过同位素载体法、流量法、井温法等方法测得各层的吸水量，绘制出分层吸水指示曲线，从而判断出注水井的吸水层位、吸水厚度和吸水能力。

6. 井下技术状况监测

井下技术状况监测旨在评估井下设备的工作状态和技术状况，为保证井下作业安全和提高生产效率提供依据。井下技术状况监测可以通过井下作业、井筒测试、井下监测装置等手段，分析套管损坏、出砂结蜡以及增产措施效果等。

4.2 试井分析基本理论

油藏压力监测的关键环节之一是进行系统试井作业。试井(well testing)是指对油、气、水井进行测试和分析的总称。测试是指将压力计下到油层或气层或注水层部位(图4-1)，开井或关井记录井底压力随时间的变化，得到一组压力与时间之间的变化数据。分析(也称试井解释)则应用渗流力学理论，分析测试数据，反求油层和井的动态参数，进而研究油气水层和测试井的各种物性参数、生产能力以及油气水层之间的连通关系的方法。

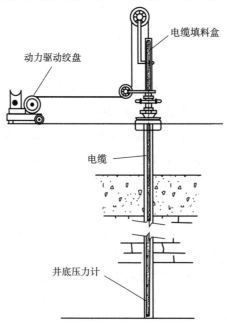

图4-1 试井测试设备示意图

稳定试井(也称产能试井)技术通过改变若干次油井、气井或水井的工作制度,测量在各个不同工作制度下的稳定产量及相应的井底压力,从而确定测试井或测试层的产能方程或无阻流量。可以精确测定油井的采油指数,从而确立合理的油井工作制度和生产能力。

不稳定试井技术(transient pressure analysis)则是改变测试井的产量,并测量由此而引起的井底压力随时间的变化,从而确定测试井和测试层的特性参数。通过分析油井压力恢复曲线或注水井压力降落曲线,可以推算地层压力,确定地层参数,判断增产措施效果,探测油层边界及井间连通情况,估算泄油区内的地质储量。

此外,通过干扰试井和脉冲试井等多井试井技术,可以了解井间油层的连通性,确定油层的导压系数,了解油层不渗透边界的分布以及油水(油气)边界的情况。这些试井方法为油藏动态分析提供了至关重要的数据支持。

目前,现代试井技术在我国已经得到了广泛的应用。这种技术以其高精度而著称,使用的电子压力计能够在井下长时间稳定工作。配备有高精度的读卡仪,以及专用的现代试井解释软件进行计算机处理,这些先进的技术手段显著提高了我国油藏压力监测数据的准确性。因此,这些数据为油藏动态分析提供了更加可靠的压力资料,是油藏管理和工作决策的重要依据。

4.2.1　常规试井分析基本理论

4.2.1.1　无限大地层直井试井分析理论基础

根据渗流力学知识,考虑单层、均质无限大油藏中有一口生产井的情况。假设条件如下。

①油藏水平、均质、等厚、各向同性、横向无限大;

②油井开井前地层中各点的压力均匀分布,开井后油井以一定产量生产;

③地层流体和地层岩石微可压缩,压缩系数为常数;

④地层流体流动符合达西渗流定律;

⑤考虑稳态表皮效应,即视为井壁无限小薄层上的压降;

⑥忽略重力和毛管力,并设地层中的压力梯度比较小。

根据渗流力学知识,可以建立以下数学模型:

$$\begin{cases} \dfrac{\partial^2 p}{\partial r^2} + \dfrac{1}{r}\dfrac{\partial p}{\partial r} = \dfrac{1}{3.6\eta}\dfrac{\partial p}{\partial t} \\[2mm] p\,\big|_{t=0} = p_i \\[2mm] p\,\big|_{r=\infty} = p_i \\[2mm] \lim\limits_{r \to 0} r\dfrac{\partial p}{\partial r} = \dfrac{Q\mu B}{172.8\pi Kh} \end{cases} \qquad (4-1)$$

式中，$p = p(r, t)$ 为距井 r 处在 t 时刻的压力，MPa；p_i 为原始地层压力，MPa；t 为从开井起算的时间，h；K 为地层的渗透率，μm^2；h 为油层厚度，m；r_w 为井半径，m；μ 为流体黏度，mPa·s；ϕ 为地层孔隙度，小数；Q 为地面产量，m^3/d；c_t 为综合压缩系数（total formation volume factor），$c_t = c_t^* S_{oi} = c_o S_{oi} + c_w S_{wc} + c_f$，$MPa^{-1}$；$B$ 为地层体积系数，m^3/m^3。$\eta = \dfrac{K}{\phi \mu c_t}$ 为地层导压系数，$\mu m^2 \cdot MPa/(mPa \cdot s)$。

求得上述数学模型的通解为：

$$p(r, t) = p_i - \frac{Q\mu B}{345.6\pi Kh}\left[-Ei\left(-\frac{r^2}{14.4\eta t}\right)\right] \tag{4-2}$$

则井底流压为：

$$p_{wf}(t) = p(r_w, t) = p_i - \frac{Q\mu B}{345.6\pi Kh}\left[-Ei\left(-\frac{r_w^2}{14.4\eta t}\right)\right] \tag{4-3}$$

当井底存在污染时，进入表皮系数 S，则井底压力为：

$$p_{wf}(t) = p_i - \frac{Q\mu B}{345.6\pi Kh}\left[-Ei\left(-\frac{r_w^2}{14.4\eta t}\right) + 2S\right] \tag{4-4}$$

式中，S 为表皮系数，也称污染系数，无量纲。

表皮系数（S）是指一口井表皮效应的性质和严重程度。例如，在钻井和完井过程中由于泥浆侵入，射孔不完善或酸化、压裂，或生产过程中污染或增产措施等原因，使得井筒周围环状区域渗透率不同于油层，当流体从油层流入井筒时，会产生附加压降，这种现象叫表皮效应。

> 👥 **课堂讨论**
> 表皮系数是否存在负值？存在负值时意味着什么？

由于当 $x < 0.01$ 时，存在以下近似：

$$Ei(-x) = \ln x + 0.5772 = \ln(1.781x) \tag{4-5}$$

则当 $\dfrac{r_w^2}{14.4\eta t} < 0.01$ 时，有：

$$
\begin{aligned}
p_{wf}(t) &= p_i - \frac{Q\mu B}{345.6\pi Kh}\left[-\ln\left(\frac{1.781 r_w^2}{14.4\eta t}\right) + 2S\right] \\
&= p_i - \frac{2.121 \times 10^{-3} Q\mu B}{Kh}\left[\lg\left(\frac{Kt}{\phi\mu c_t r_w^2}\right) + 0.9077 + 0.8686S\right]
\end{aligned} \tag{4-6}
$$

4.2.1.2 压降试井分析方法

压降试井（pressure drop test）是指油井以一定产量生产时，井下压力计连续记录井底压力随时间的变化历史，利用这些实测数据，反求地层和井参数。不影响生产，要求测试期间产量恒定。图 4 - 2 给出了压降试井的产量和压力历史。

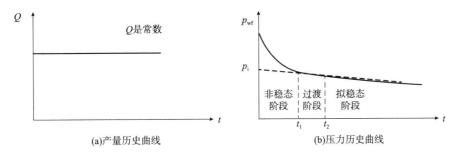

图 4 - 2　压降试井的产量和压力历史

由图 4 - 2(b)可以看出，恒定产量进行生产时，地层中通常会出现两个流动阶段。

(1)早期段，也称续流阶段，指油井开始生产时井筒储存效应影响井底压力变化的时期。

(2)不稳定流动阶段，此时地下流体径向地流向生产井，反应井周围地层的平均性质。径向流动阶段(中期段)的压力曲线正满足公式(4 - 6)。对公式(4 - 6)进行变形，得到压降试井分析方程，压降曲线如图 4 - 3 所示。

$$\Delta p_{wf} = p_i - p_{wf}(t) = \frac{2.121 \times 10^{-3} Q \mu B}{Kh} \left[\lg \frac{Kt}{\phi \mu c_t r_w^2} + 0.9077 + 0.8686S \right] \qquad (4-7)$$

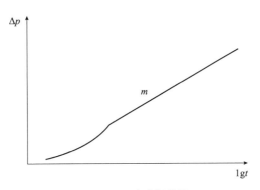

图 4 - 3　压降分析曲线

以 Δp_{wf} 或 $p_{wf}(t)$ 为纵坐标，以 $\lg t$ 为横坐标，这一阶段的压力降落曲线是一直线关系，直线段的斜率为 m：

$$|m| = \frac{2.121 \times 10^{-3} Q \mu B}{Kh} \qquad (4-8)$$

利用直线段的斜率可求以下地层参数。

①地层流动系数：

$$\frac{Kh}{\mu} = \frac{2.121 \times 10^{-3} QB}{|m|} \qquad (4-9)$$

②地层系数：

$$Kh = \frac{2.121 \times 10^{-3} Q\mu B}{|m|} \tag{4-10}$$

③地层渗透率：

$$K = \frac{2.121 \times 10^{-3} Q\mu B}{|m|h} \tag{4-11}$$

④表皮系数：

在半对数直线段或其延长线上取一点（原则上可在直线段上任取一点，但一般取 $t=1\text{h}$ 所对应的压力或压差值），计算表皮系数：

$$S = 1.151 \left[\frac{p_i - p_{wf}(t=1)}{|m|} - \lg \frac{K}{\phi \mu c_t r_w^2} - 0.9077 \right] \tag{4-12}$$

或

$$S = 1.151 \left[\frac{\Delta p_{wf}(t=1)}{|m|} - \lg \frac{K}{\phi \mu c_t r_w^2} - 0.9077 \right] \tag{4-13}$$

⑤折算半径和附加压降

折算半径（r_{ws}）是指在油藏工程中对实际油藏半径进行的一种修正，用以更准确地描述油藏的实际开发范围，如图 4-4 所示。折算半径的计算式为：

$$r_{ws} = r_w e^{-S} \tag{4-14}$$

附加压降（Δp_s）是指在油藏开发过程中，除了油藏本身的原始压力梯度所造成的压力降之外，由于油藏流体的非理想流动特性（如表皮效应等）所导致的额外的压力损失。附加压降的计算式为：

$$\Delta p_s = \frac{1.842 \times 10^{-3} Q\mu B}{Kh} S = \frac{2|m|}{2.303} S \tag{4-15}$$

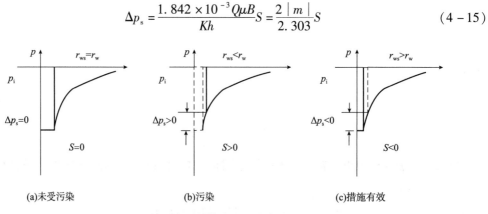

图 4-4　附加压降、折算半径、表皮效应关系示意图

📝 **课堂例题 4-1**

在某大型油藏中，对一口新油井进行压降试井（例表 4-1）。试井期间，油藏中只打了这一口井，试井解释表明，井筒储存效应对压力动态没有影响。利用以下试井资料，计算井附近的平均地层渗透率和表皮系数。

已知：

$p_i = 45.60\text{MPa}$、$h = 6.1\text{m}$、$Q_{sc} = 79.49\text{m}^3/\text{d}$、$c_t = 4.35 \times 10^{-3}\text{MPa}^{-1}$、$\mu_o = 1.5\text{mPa} \cdot \text{s}$、$\phi = 25\%$、$B_o = 1.2$、$r_w = 0.102\text{m}$。

例表 4 - 1　例题 4 - 1 的压力数据

t/h	p_{wf}/MPa
2	24.14
5	23.92
10	23.75
20	23.56
50	23.34
75	23.24
100	23.12
150	22.88
200	22.65
300	22.21

解：

根据题中所给数据作出压力降落试井曲线，如例图 4 - 1 所示：

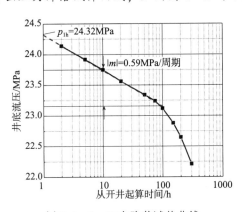

例图 4 - 1　压力降落试井曲线

直线段的斜率为：

$$|m| = 0.59\text{MPa}/\text{周期}$$

1h 处的地层压力为：

$$p_{1h} = 24.32\text{MPa}$$

将数据代入公式（4 - 11）中，得：

$$K = \frac{2.121 \times 10^{-3} \times 79.49 \times 1.5 \times 1.2}{0.59 \times 6.1} = 0.084\mu\text{m}^2$$

由公式（4 - 12）可计算：

$$S = 1.151 \left[\frac{27.58 - 24.32}{0.59} - \lg \frac{84 \times 10^{-3}}{0.25 \times 1.5 \times 4.35 \times 10^{-3} \times 0.102^2} - 0.9077 \right] = 2.107$$

通过压力降落试井分析得到：表皮系数：$S = 2.107$。

4.2.1.3 压力恢复试井分析方法

压力恢复试井(pressure buildup test)是指油井以恒定产量生产一段时间后关井，测取关井后的井底恢复压力，并对这一压力历史进行分析，求取地层和井的参数。图4-5给出了压力恢复试井的产量和压力历史。

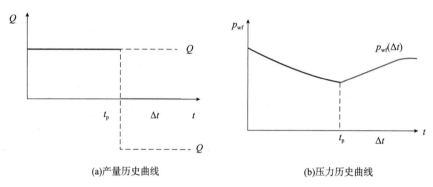

(a)产量历史曲线　　　　　　　　(b)压力历史曲线

图4-5 压力恢复试井的产量和压力历史

1. Horner 分析方法

在生产时间 t_p 之前，生产井以一定量生产，其曲线即为压降曲线，满足公式(4-7)。值得注意的是，由于大多数情况下关井前产量无法一直保持不变，生产时间不是绝对时间，而通常需要采用下面的方程进行折算处理。

$$t_p = \frac{N_p}{Q} \tag{4-16}$$

式中，t_p 为生产时间，h；N_p 为关井前的累计产量，m^3；Q 为关井前的稳定产量，m^3/d。

此后关井一段时间 Δt，根据弹性不稳定渗流基本方程，Horner 应用叠加原理(superposition theorem)得到了著名的 Horner 法。将关井 Δt 时间后的井底流压变化看成生产井继续以恒定产量 Q 连续生产($t_p + \Delta t$)时间后的压降和从 t_p 时刻开始在该井所处位置有一口虚拟井以注入量 Q 注入井底 Δt 时间后的井底压降的叠加。

生产井以恒定产量 Q 生产($t_p + \Delta t$)时的压降为：

$$\Delta p_1 = p_i - p_{wf}(t_p + \Delta t) = \frac{2.121 \times 10^{-3} Q \mu B}{Kh} \left[\lg \frac{K(t_p + \Delta t)}{\phi \mu c_t r_w^2} + 0.9077 + 0.8686 S \right]$$

$$\tag{4-17}$$

虚拟注入井以恒定注入量 Q 注入 Δt 时的压降为：

$$\Delta p_2 = p_i - p_{wf}(\Delta t) = \frac{2.121 \times 10^{-3} Q \mu B}{Kh} \left[\lg \frac{K(\Delta t)}{\phi \mu c_t r_w^2} + 0.9077 + 0.8686 S \right] \tag{4-18}$$

应用叠加原理：

$$\Delta p = \Delta p_1 + \Delta p_2 = p_i - p_{ws}(\Delta t)$$

$$= \frac{2.121 \times 10^{-3} Q\mu B}{Kh}\left[\lg\frac{K(t_p + \Delta t)}{\phi\mu c_t r_w^2} + 0.9077 + 0.8686S\right] -$$

$$\frac{2.121 \times 10^{-3} Q\mu B}{Kh}\left(\lg\frac{K\Delta t}{\phi\mu c_t r_w^2} + 0.9077 + 0.8686S\right) \qquad (4-19)$$

$$= \frac{2.121 \times 10^{-3} Q\mu B}{Kh}\lg\left(\frac{t_p + \Delta t}{\Delta t}\right)$$

由此，可以推出压力恢复试井分析方程：

$$p_{ws}(\Delta t) = p_i - \frac{2.121 \times 10^{-3} Q\mu B}{Kh}\lg\frac{t_p + \Delta t}{\Delta t} \qquad (4-20)$$

式中，$p_{ws}(\Delta t)$ 为关井 Δt 时的井底恢复压力，MPa；t_p 为关井前的生产时间，h。该方程就是著名的 Horner 公式。

图 4-6 给出了 Horner 分析曲线示意图。由图 4-6 看出，以 $p_{ws}(\Delta t)$ 为纵坐标，以 $\lg\frac{t_p + \Delta t}{\Delta t}$ 为横坐标，这一阶段的压力恢复曲线是一直线关系，直线段的斜率为 m：

$$|m| = \frac{2.121 \times 10^{-3} Q\mu B}{Kh} \qquad (4-21)$$

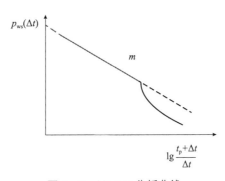

图 4-6　Horner 分析曲线

利用直线段的斜率可求以下地层参数。

1）地层流动系数

$$\frac{Kh}{\mu} = \frac{2.121 \times 10^{-3} QB}{|m|} \qquad (4-22)$$

2）地层系数

$$Kh = \frac{2.121 \times 10^{-3} Q\mu B}{|m|} \qquad (4-23)$$

3）地层渗透率

$$K = \frac{2.121 \times 10^{-3} Q\mu B}{|m|h} \qquad (4-24)$$

4）原始地层压力

由公式（4-20）可以看出，当关井时间 Δt 趋于无穷大时（即 $\lg \dfrac{t_p + \Delta t}{\Delta t}$ 趋于 0），此时的关井恢复压力 $p_{ws}(\Delta t)$ 趋于原始地层压力 p_i。在图 4-6 中，将 Horner 曲线外推直线段到 $\dfrac{t_p + \Delta t}{\Delta t} = 1$ 所对应的压力称为外推压力，用 p^* 表示。

对于尚未投入开发的油藏，p^* 即为原始地层压力。而对于已投入开发的油藏，p^* 则为油藏的视平均压力。

5）判断断层的存在及位置

当测试的油井附近存在断层时，压力恢复曲线直线段的斜率，会成倍数增加，即直线段的上翘，$m_2 = 2m_1$。而上翘后压力恢复曲线的 Homer 法表示为：

$$p_{ws}(\Delta t) = p_i - 2m_1 \lg \frac{t_p + \Delta t}{\Delta t} \tag{4-25}$$

由两条直线段的交点时间 $\left[(t_p + \Delta t)/\Delta t \right]$，可由下式确定断层距油井的垂直距离：

$$L_b = 0.045 \sqrt{\frac{K}{\phi \mu c_t} \left(\frac{t_p + \Delta t}{\Delta t} \right)_b} \tag{4-26}$$

式中，L_b 为断层距油井的垂直距离，m。

2. MDH 分析方法

在 Hornor 方法的基础上，Miller、Dyes 和 Hutchinson 三人于 1950 年提出 MDH 方法，该方法的前提是 $t_p \gg \Delta t$ 时，$t_p + \Delta t \approx t_p$，可以对 Hornor 曲线进行简化。

由公式（4-7）可以得到关井时刻 t_p 的井底流压：

$$p_{ws}(\Delta t = 0) = p_{wf}(t_p) = p_i - \frac{2.121 \times 10^{-3} Q \mu B}{Kh} \left[\lg \left(\frac{K t_p}{\phi \mu c_t r_w^2} \right) + 0.9077 + 0.8686 S \right] \tag{4-27}$$

而关井时刻 t_p 之后的曲线为 Horner 曲线，满足方程（4-20）。将公式（4-20）减去公式（4-27），得：

$$p_{ws}(\Delta t) = p_{ws}(\Delta t = 0) - \frac{2.121 \times 10^{-3} Q \mu B}{Kh} \lg \left(\frac{t_p + \Delta t}{\Delta t} \right) +$$
$$\frac{2.121 \times 10^{-3} Q \mu B}{Kh} \left(\lg \frac{K t_p}{\phi \mu c_t r_w^2} + 0.9077 + 0.8686 S \right) \tag{4-28}$$

$$p_{ws}(\Delta t) = p_{ws}(\Delta t = 0) - \frac{2.121 \times 10^{-3} Q \mu B}{Kh} \lg \left(\frac{t_p + \Delta t}{t_p \Delta t} \right)$$
$$+ \frac{2.121 \times 10^{-3} Q \mu B}{Kh} \left(\lg \frac{K}{\phi \mu c_t r_w^2} + 0.9077 + 0.8686 S \right) \tag{4-29}$$

如果关井前的生产时间与关井测压时间相比大得多，则有：

$$t_p \gg \Delta t_{max} \tag{4-30}$$

此时，$(t_p + \Delta t)/t_p \approx 1$，得到压力恢复时期的近似表示如下：

$$p_{ws}(\Delta t) = p_{ws}(\Delta t = 0) + \frac{2.121 \times 10^{-3} Q\mu B}{Kh}\left(\lg \frac{K\Delta t}{\phi\mu c_t r_w^2} + 0.9077 + 0.8686S\right) \quad (4-31)$$

上述方程即为 MDH 方程，是 Horner 公式的近似，其精确程度与关井前关井时间 t_p 的长短关系密切。

图 4-7 给出了 MDH 分析曲线示意图。由图 4-7 看出，以 $p_{ws}(\Delta t)$ 为纵坐标，以 $\lg\Delta t$ 为横坐标，这一阶段的压力恢复曲线也是一直线关系，直线段的斜率为 m：

$$|m| = \frac{2.121 \times 10^{-3} Q\mu B}{Kh} \quad (4-32)$$

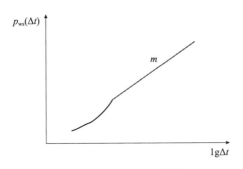

图 4-7 MDH 分析曲线

与 Horner 曲线相似，也可以利用直线段的斜率可求出地层流动系数、地层系数和地层渗透率。此外，还可以在半对数直线段或其延长线上取一点（原则上可在直线段上任取一点，但一般取 $\Delta t = 1$ 所对应的压力或压差值），计算表皮系数：

$$S = 1.151\left[\frac{p_{ws}(\Delta t = 1) - p_{ws}(\Delta t = 0)}{|m|} - \lg\frac{K}{\phi c_t r_w^2} - 0.9077\right] \quad (4-33)$$

课堂例题 4-2

某井生产了 43 天，整个测试过程中的累计产油量为 33720m^3（储罐条件），然后关井，并利用高分辨率井下压力计进行压力恢复试井。生产数据及估算的油藏流体性质为：$h = 58m$，$c_t = 3.75 \times 10^{-3} MPa^{-1}$，$\phi = 25\%$，$B_o = 1.70$，$\mu = 0.50mPa \cdot s$，$r_w = 0.1222375m$。

就在关井前，该井以 562m^3/d（储罐条件）的稳定产率生产，对应的井底流压 $p_{wf} = 38.41MPa$。在压力恢复阶段测量的数据如例表 4-2 所示。

例表 4-2 例题 4-2 的压力数据

Δt	p_{ws}/MPa	Δt/h	p_{ws}/MPa
1min	38.46	3	39.1
5min	38.66	4	39.11
10min	38.77	5	39.12

Δt	p_{ws}/MPa	Δt/h	p_{ws}/MPa
20min	38.9	6	39.13
30min	38.99	8	39.14
40min	39.03	10	39.15
1h	39.06	12	39.15
1h30min	39.07	18	39.16
2h	39.09	24	39.17

解：

由于该井已产出了 33720m³ 的油，且关井前的稳定产率为 562m³/d，故用于压力恢复分析的等价生产时间 t_p 为：

$$t_p = \frac{33720}{562} = 60\text{d}$$

则 Horner 分析曲线数据如下（例表 4-3）。

例表 4-3　根据例表 4-2 计算得到的 Horner 分析曲线数据

Δt	$(t_p + \Delta t)/\Delta t$	p_{ws}/MPa
1min	86401	38.46
5min	17281	38.66
10min	8641	38.77
20min	4321	38.9
30min	2881	38.99
40min	2161	39.03
1h	1441	39.06
1.5h	961	39.07
2h	721	39.09
3h	481	39.1
4h	361	39.11
5h	289	39.12
6h	241	39.13
8h	181	39.14
10	145	39.15
12h	121	39.15
18h	81	39.16
24h	61	39.17

画出 Horner 曲线，如例图 4 - 2 所示：

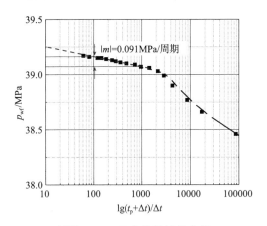

例图 4 -2　压力恢复试井曲线

直线段的斜率为：

$$|m| = 0.091 \text{MPa/周期}$$

将数据代入公式(4 -24)中，得：

$$K = \frac{2.121 \times 10^{-3} \times 562 \times 0.50 \times 1.71}{0.091 \times 58} = 0.193 \mu m^2$$

由公式(4 -31)，得：

$$S = 1.151 \left[\frac{39.06 - 38.41}{0.091} - \lg \frac{193 \times 10^{-3}}{0.25 \times 0.50 \times 3.75 \times 10^{-3} \times 0.1222375^2} - 0.9077 \right] = 3.11$$

故通过压力恢复试井分析得到：表皮系数 $S = 3.11$。

课堂讨论

　　针对实际生产中油井产量的波动，特别是对于新近开发的高产井，维持恒定产量往往是不切实际的。例图 4 -3 展示了一个变产量生产历史的示意图。请推导出此种油井变产量情况下的井底压力变化曲线。

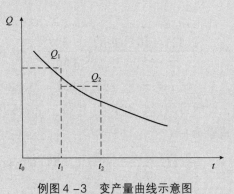

例图 4 -3　变产量曲线示意图

4.2.1.4 有界油藏直井试井分析方法

在实际应用中，无限大地层的假设是不存在的，因为几乎所有的地层都会有边界。将地层视为无限大是为了简化模型，因为在测试时间内，压力波尚未传播到地层边界，边界的特性还未显现。然而，当测试时间延长时，无论是压降试井，还是压力恢复试井，都会在后期显示出偏离不稳定渗流特征的趋势，表现出过渡段和拟稳定状态压力的特征，如图4-8所示。

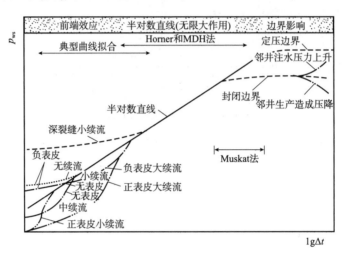

图4-8 典型的压力恢复曲线示意图

油藏边界可以分为两类：一类是流体无法通过的边界，如断层边界、封闭边界和岩性尖灭边界等；另一类是流体可以通过的边界，其中油水边界通常被视为流体可以通过的恒压边界。此外，如果油藏面积较大，但仅有少数生产井，其他井对测试井的影响可能会使测试井处于一个有限的供油区域内。在这种情况下，可以将测试井所在区域视为有限地层进行分析。

1. 任意油藏边界下拟稳态压力

对于圆形油藏中心一口井的情况，在拟稳态流动阶段油藏平均压力与井底压力的关系如下：

$$\bar{p} - p_{wf}(t) = \frac{2.121 \times 10^{-3} Q\mu B}{Kh}\left(\lg \frac{4\pi r_e^2}{4\pi e^{3/2} r_w^2} + 0.8686S\right) \quad (4-34)$$

式中，A 为供油面积，m^2，$A = \pi r_e^2$；$4\pi e^{3/2} = 56.31857 = 31.6206\gamma$，其中常数 $\gamma = 1.781$。一般供油面积不是圆形的，此时可用形状因子 C_A 代替 31.6206 代入公式(4-34)，即考虑边界形状的影响，则上式变为：

$$\bar{p} - p_{wf}(t) = \frac{2.121 \times 10^{-3} Q\mu B}{Kh}\left(\lg \frac{4A}{\gamma C_A r_w^2} + 0.8686S\right) \quad (4-35)$$

油藏平均压力 $\bar{p}$ 无法直接得到，根据物质平衡原理，对于有界油藏，地面产量等于地下由于综合弹性压缩作用开采的油量，即：

$$QtB = 24\pi r_{e}^{2}\phi h(p_{i} - \bar{p})C_{t} \tag{4-36}$$

到油藏平均压力 $\bar{p}$ 与原始地层压力 p_{i} 之间的关系：

$$\bar{p} = p_{i} - \frac{QtB}{24\pi r_{e}^{2}\phi hc_{t}} \tag{4-37}$$

由公式(4-35)和公式(4-37)联立，得：

$$p_{i} - p_{wf}(t) = \frac{2.121 \times 10^{-3}QuB}{Kh}\left(\lg\frac{4A}{\gamma C_{A}r_{w}^{2}} + \frac{14.4\pi\eta t}{2.303A} + 0.8686S\right) \tag{4-38}$$

进行无量纲化：

$$p_{D}(t_{D.}) = 1.515\left(\lg\frac{4A}{\gamma C_{A}r_{w}^{2}} + \frac{4\pi}{2.303}t_{DA} + 0.8686S\right) \tag{4-39}$$

式中，无因次压力 p_{D} 和无因次时间 t_{DA} 的定义式分别为：

$$p_{D} = \frac{Kh}{1.842 \times 10^{-3}QuB}\left[p_{i} - p_{wf}(t)\right] \tag{4-40}$$

$$t_{DA} = \frac{3.6\eta t}{A} = \frac{3.6Kt}{\phi hc_{t}A} = \frac{r_{w}^{2}}{A}t_{D} \tag{4-41}$$

若油藏边界不是圆形的，井不位于油藏的几何中心，C_{A} 取不同的值，如表 4-1 所示。这些值是直接解扩散方程或使用映射法得到的。

2. 确定油层平均压力

油藏的平均压力是重要的开发指标之一，是储量计算、动态预测的一个重要参数。但是，准确预测油藏的平均压力不是易事：时间短了，压力恢复不到应有的水平；时间过长又会与邻井发生干扰。从工程角度出发，应在尽可能短的关井时间内得到尽可能准确的平均地层压力。

对于尚未投入开发的油藏，Horner 曲线外推到 $\Delta t/(t_{p} + \Delta t) = 1$ 时的压力 p^{*} 即为原始地层压力。而对于已投入开发的油藏，p^{*} 则为油藏的视平均压力，失去了平均压力的物理意义。对于外边界封闭的油藏，一般情况下，$\bar{p} < p^{*}$（图 4-9），要经过适当的校正，才能从 p^{*} 求得油藏的平均压力 $\bar{p}$。

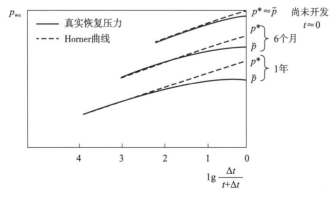

图 4-9　有限地层的典型压力恢复曲线

表 4 - 1 不同形状泄流面积的形状因子

有界地层	C_A	$\ln C_A$	t_{DA} 精确下限值	小于1%误差的 t_{DA} 下限值	采用小于1%误差对应的无限大系统解的 t_{DA} 下限值	有界地层	C_A	$\ln C_A$	t_{DA} 精确下限值	小于1%误差的 t_{DA} 下限值	采用小于1%误差的无限大系统解对应的 t_{DA} 下限值
(圆形) ⊙	31.62	3.4538	0.1	0.06	0.10	(矩形 1/2)	10.8374	2.3830	0.4	0.15	0.025
(六边形)	31.6	3.4532	0.1	0.06	0.10	(矩形 1/2)	4.5141	1.5072	1.5	0.50	0.06
(三角形)	27.6	3.3178	0.2	0.07	0.09	(矩形 1/2)	2.0769	0.7309	1.7	0.50	0.02
(60° 三角形)	27.1	3.2995	0.2	0.07	0.09	(矩形 1/2)	3.1573	1.1497	0.4	0.15	0.005
1/3 (三角形)	21.9	3.0865	0.4	0.12	0.08	(矩形 1/2)	0.5813	−0.5425	2.0	0.60	0.02
3 (三角形) 4	0.098	−2.3227	0.9	0.60	0.015	(矩形 1/2)	0.1109	−2.1991	3.0	0.60	0.005
(正方形)	30.8828	3.4302	0.1	0.05	0.09	(矩形 1/4)	5.3790	1.6825	0.8	0.30	0.01
(矩形 2:1)	12.9851	2.5638	0.7	0.25	0.03	(矩形 1/4)	2.6896	0.9894	0.8	0.30	0.01
(正方形 2×2)	4.5132	1.5070	0.6	0.30	0.025	(矩形 1/4)	0.2318	−1.4619	4.0	2.00	0.03
(网格)	3.3351	1.2045	0.7	0.25	0.01	(矩形 1/4)	0.1155	−2.1585	4.0	2.00	0.01
1:2 (矩形)	21.8369	3.0836	0.3	0.15	0.025	(矩形 1/5)	2.3606	0.8589	1.0	0.40	0.025

美国学者 Matthews、Brons 和 Hazebroek 等用镜像映射法和叠加原理处理了外边界封闭、油藏形状、井的相对位置各不相同的 25 种几何条件，并将计算结果绘制成图版（图 4-10 和图 4-11），图版以无因次时间 t_{DA} 为横坐标，无因次 MBH 压力（p_{DMBH}）为纵坐标：

$$p_{DMBH} = \frac{Kh}{9.21 \times 10^{-4} Q\mu B}(p^* - \bar{p}) = \frac{2.303(p^* - \bar{p})}{m} \qquad (4-42)$$

式中，m 为径向流动阶段 Horner 曲线所对应的直线段的斜率。

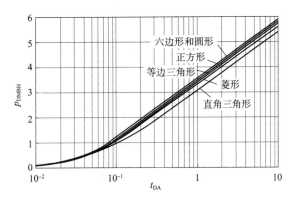

图 4-10 井位于油藏几何中心的 p_{DMBH} 图

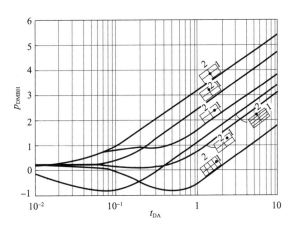

图 4-11 井在边长比为 2:1 的长方形油藏不同部位的 p_{DMBH} 图

应用时，确定有界地层平均压力的 MBH 方法步骤如下。

①压力恢复试井分析（Horner 方法或 MDH 方法），确定直线段斜率、流动系数、地层系数和渗透率；

②Horner 曲线求外推原始地层压力 p^*；

③由生产时间，根据公式（4-41）计算出无因次时间 t_{DA}；

④根据油藏形状和井的位置（已知），由图版得到 p_{DMBH}；

⑤由公式（4-42）计算出平均地层压力 $\bar{p}$。

3. 确定地质储量

封闭油藏系统，流动测试或压力恢复测试中，当边界效应开始影响，地层渗流达到拟稳态时，由公式(4-38)得：

$$\frac{\mathrm{d}p_{wf}}{\mathrm{d}t} = -\frac{QB}{24\phi c_t h\pi r_e^2} \tag{4-43}$$

或

$$\frac{\mathrm{d}p_{wf}}{\mathrm{d}t} = -\frac{QB}{24V_p c_t} \tag{4-44}$$

式中，V_p 为油藏孔隙体积，m^2，$V_p = \pi\phi hr_e^2$。

对公式(4-44)两边积分，得：

$$p_{wf}(t) = -\frac{QB}{24V_p c_t}t + p_{int} \tag{4-45}$$

式中，p_{int} 为直线上的外推值。

设 $\Delta p = p_i - p_{wf}(t)$，$\Delta p_{int} = p_i - p_{int}$，则：

$$\Delta p = \frac{QB}{24V_p c_t} \cdot t + \Delta p_{int} \tag{4-46}$$

在直角坐标系中若将测试后期(拟稳态)数据作或关系曲线(图4-12)，则可得直线斜率为：

$$|m| = \frac{QB}{24V_p c_t} \tag{4-47}$$

可求得封闭系统的储量：

$$N = V_p \cdot S_o/B = \frac{QS_o}{24|m|c_t} \tag{4-48}$$

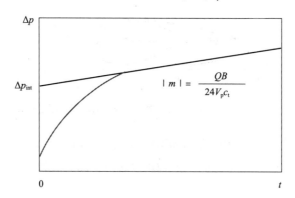

图4-12 典型的压力恢复曲线示意图

课堂例题 4-3

求解例题4-1中井的泄油面积。

解：

根据例表4-1中的压力数据，作拟稳态压降曲线，如例图4-4所示。

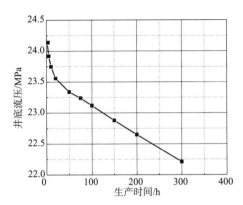

例图4-4　拟稳态压降曲线

例图4-4可见，p_{wf}在75h后随t呈线性变化。斜率为：

$$\frac{\mathrm{d}p_{wf}}{\mathrm{d}t} = \frac{22.65 - 23.12}{200 - 100} = -0.0047\mathrm{MPa/h}$$

这一线性趋势表明油藏中出现了拟稳态流动。

由公式(4-42)，有：

$$\frac{Q_{sc}B_o}{24V_pc_t} = 0.0047$$

因此

$$V_p = \frac{79.49 \times 1.2}{24 \times 0.0047 \times 4.35 \times 10^{-3}} = 1.94 \times 10^5 \mathrm{m}^3$$

可假设h和ϕ在整个油气藏中各处相等，则可写出：

$$A = \frac{V_p}{h\phi} = \frac{1.94 \times 10^5}{6.1 \times 0.25} = 127213\mathrm{m}^3$$

📝 课堂例题4-3

一口探井在某层见油，现有的地球物理资料表明，该层位为规模不大的透镜体。井深为4450m～4550m的含油井段的测井数据如下。

油层有效厚度：$h = 58\mathrm{m}$

孔隙度：$\phi = 25\%$

含水饱和度：$S_{wc} = 0.15$

发现时油藏压力为原始地层压力：$p_i = 45.60\mathrm{MPa}$

油藏样品的PVT分析数据如下。

泡点压力：$p_b = 36.38\mathrm{MPa}$

p_i 时的体积系数：$B_{oi} = 1.68$

p_i 时的压缩系数：$c_o = 2.6 \times 10^{-3} \text{MPa}^{-1}$

p_i 时的黏度：$\mu_{oi} = 0.54 \text{mPa} \cdot \text{s}$

油藏水的压缩系数：$c_w = 2.9 \times 10^{-4} \text{MPa}^{-1}$

孔隙压缩系数：$c_f = 1.5 \times 10^{-3} \text{MPa}^{-1}$

用 $9\frac{5}{8}$in（即 24.4475cm）套管完井，射开整个含油井段。

以 $Q_{sc} = 500 \text{m}^3/\text{d}$（储罐条件）的恒定产率进行了一个月的延长压降试井，以确定油气藏的大小，并有可能确定油气藏的形状。

测试过程，自投产开始记录井底流压 p_{wf}，数据列于在例表 4 – 4。

例表 4 – 4   测试阶段的压力数据

时间	p_{wf}/MPa	时间/d	p_{wf}/MPa
1min	45.59	1	44.27
5min	45.30	2	44.15
10min	44.95	4	43.95
15min	44.62	6	43.74
30min	44.54	8	43.53
45min	44.50	10	43.32
1h	44.49	15	42.81
2h	44.46	20	42.29
4h	44.43	25	41.77
8h	44.38	30	41.25
16h	44.32		

解释试验数据估算以下结果。

（1）井和油藏的生产特征（渗透率，表皮系数）；

（2）原油地质储量；

（3）油藏最大可能的范围及形状。

解：

p_{wf} 与 $\lg t$ 的关系曲线（例图 4 – 5）表明在 $t = 45\text{min}$ 和 $t = 240\text{min}$ 之间为一直线段（瞬变流）。

$t = 45\text{min}$ 之前的数据对应于井筒中流体的分异流动（原油替代水和泥浆等），而 $t = 240\text{min}$ 之后的数据则显示出了晚期瞬变流的动态。

在直线段，有：

$$|m| = 0.10 \text{MPa/周期}$$

将数据代入公式(4-11)中，得：

$$K = \frac{2.121 \times 10^{-3} \times 500 \times 0.54 \times 1.68}{0.1 \times 58} = 0.166 \mu m^2$$

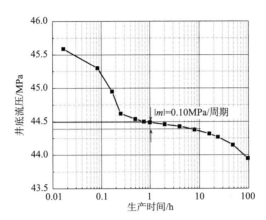

例图 4-5 压降试井曲线

由于

$$c_t = c_o S_o + c_w S_w + c_f$$

有：

$$c_t = (2.6 \times 0.85 + 0.29 \times 0.15 + 1.5) \times 10^{-3} = 3.75 \times 10^{-3} MPa^{-1}$$

由已知数据：

$$p_i = 45.60 MPa$$

$$p_{1h} = 44.49 MPa$$

$$r_w = \frac{1}{2}\left(9\frac{5''}{8}\right) = 0.1222375 m$$

由公式(4-12)可计算：

$$S = 1.151\left[\frac{45.60 - 44.49}{0.10} - \lg\frac{166 \times 10^{-3}}{0.25 \times 0.54 \times 3.75 \times 10^{-3} \times 0.1222375^2} - 0.9077\right] = 7.779$$

生产测试得出的近井底层渗透率为 $166 \times 10^{-3} \mu m^2$，表皮系数为 7.779。

由例图 4-6 可见瞬变流以后 p_{wf} 在 4 天后随 t 呈线性变化。斜率为：

$$\frac{dp_{wf}}{dt} = \frac{41.25 - 43.32}{(30 - 10) \times 24} = -0.0043 MPa/h$$

这一线性趋势表明油藏中出现了拟稳态流动。

采用线性回归方法可得到下列直线方程：

$$p_{wf} = 44.34 - 0.0043t$$

由公式(4-45)，有：

$$\frac{Q_{sc}B_{oi}}{24V_p c_t} = 0.0043$$

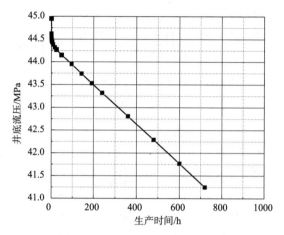

例图 4 −6　拟稳态压力降落曲线

因此:

$$V_{\mathrm{p}} = \frac{500 \times 1.68}{24 \times 0.0043 \times 3.75 \times 10^{-3}} = 2.17 \times 10^6 \mathrm{m}^3$$

由公式(4 −46),得:

$$N = \frac{2.17 \times 10^6 \times 0.85}{1.68} = 1.10 \times 10^6 \mathrm{m}^3$$

可假设 h 和 ϕ 在整个油气藏中各处相等,则有:

$$A = \frac{V_{\mathrm{p}}}{h\phi} = \frac{2.17 \times 10^6}{58 \times 0.25} = 149655 \mathrm{m}^3$$

由公式(4 −36),且当 $t = 0$ 时,$p = p_0 = 44.34 \mathrm{MPa}$,则有:

$$45.60 - 44.34 = \frac{2.121 \times 10^{-3} \times 500 \times 0.54 \times 1.68}{166 \times 10^{-3} \times 58} \left(\lg \frac{4 \times 149655}{1.781 \times 0.1222375^2} - \lg C_{\mathrm{A}} + 0.8686 \times 7.779 \right)$$

$$C_{\mathrm{A}} = 32.24$$

参照表 4 −1,我们可以合理的认为油藏形状为圆形 $C_{\mathrm{A}} = 31.62$,但也可能是正六边形 $C_{\mathrm{A}} = 31.6$ 或者正方形 $C_{\mathrm{A}} = 30.9$,井位均于中心。

4.2.2　现代试井分析基本理论

常规试井方法起步早,发展比较完善,原理简单又易于使用,但也存在如下不足之处。

①以中晚期资料为主,测试时间长,对于低渗油藏取得中晚期资料较难;

②半对数直线起点难以确定;

③当续流影响大,井筒附近污染严重时,使用困难;

④根据中期资料只能获得反映总的油藏状况的参数,而不能取得井筒附近的详细信息。

20 世纪 60 年代末至 70 年代初,国外开始研究现代试井分析方法。1969 年,Ramry 建立了考虑井筒储存及表皮效应的数学模型，并用 Laplace 变换求得解析解，绘制出无因次双对数理论图版。在此基础上进一步发展了 Earlougher – Kersch 理论图版，Gringarten 图版等。Gringarten 图版是在双对数坐标系中，以无因次压力为纵坐标，以无因次时间和无因次井筒储集系数的比值为横坐标绘制而成的曲线。

1982 年，Bourdet 在 Gringarten 图版的基础上研制出了 Bourdet 压力导数图版，为诊断油藏类型提供了依据。Bourdet 图版是在双对数坐标系中，以无因次压力导数为纵坐标，以无因次时间和无因次井筒储集系数的比值为横坐标绘制而成的曲线。

由压降典型曲线(Gringarten 图版)和压力导数典型曲线(Bourdet 图版)构成的复合图版如图 4 – 13 所示。图中纵坐标(p_D)为无因次井底压力和无因次压力导数(p'_D)，横坐标(t_D/C_D)为无因次时间(t_D)与无因次井筒储存系数(C_D)的比值。

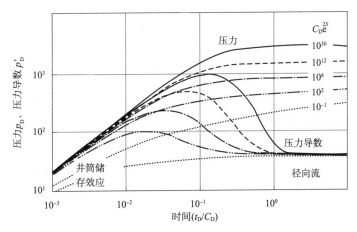

图 4 –13　均质油藏 Gringarten 和 Bourdet 的复合图版

上述复合图版拟合分析计算参数过程如下。

①把实测数据点画在刻度与图版一致的透明双对数坐标纸上，并且连成曲线；

②把实测曲线与选择好的图版相重叠，沿水平方向和垂直方向相对移动，直到实测曲线与图版曲线族中的某一条线完全重合，记下这一条图版曲线的图形参数(C_{De}^{2S})$_M$；

③在拟合后的重叠图面上选择一个拟合点 M，读出 M 点在实测曲线资图上的坐标和图版上的坐标；

④M 点在实测曲线图上的坐标是(Δp)$_M$，(Δt)$_M$；

⑤M 点在图版上的坐标是(p_D)$_M$，(t_D/C_D)$_M$；

⑥代入以下公式计算地层渗透率 K、表皮系数 S 和井筒储集系数 C。

$$K = \frac{1.842 \times 10^{-3} Q\mu B}{h} \left(\frac{p_D}{\Delta p} \right)_M \qquad (4-49)$$

$$C = 7.2\pi \frac{Kh}{\mu} \frac{1}{\left(\dfrac{t_D/C_D}{t} \right)_M} \qquad (4-50)$$

$$C_D = \frac{C}{2\pi\phi Chr_w^2} \tag{4-51}$$

$$S = \frac{1}{2}\ln\frac{(C_D e^{2S})_M}{C_D} \tag{4-52}$$

实践与思考

1. 邀请油田专家讲座

随着石油工程领域的发展和进步，试井曲线分析和解释在油田勘探开发中扮演着越来越重要的角色。为了提升大家对试井曲线及其解释方法的理解和应用能力，我们特别策划了此次"油田试井曲线与解释方法"的讲座活动。

活动要求如下。

(1)邀请：将邀请具有丰富经验的油田试井专家参与此次活动。邀请工作由同学们或任课老师负责，并需提前将专家的联系方式提交给任课老师。

(2)讲座：讲座预计持续2小时。邀请的专家将深入讲解油田试井曲线的类型、特征、影响因素以及解释方法，分享实际案例和经验。讲座内容将涵盖试井曲线的基本概念、分析方法、解释理论和实际应用等方面。

(3)互动环节：讲座结束后，将安排约30分钟的互动环节。同学们可就试井曲线分析和解释中的关键问题向专家请教，展开深入探讨。此外，也鼓励同学们分享自己的理解和见解，与专家进行思想交流和学术讨论。

2. 课后思考题

(1)简述有界油藏直井试井分析方法中确定地质储量的方法与步骤。

(2)简述不稳定试井曲线后期偏离直线的各种原因。

(3)画出均质油藏常规试井曲线示意图，说明曲线早期、晚期段偏离直线段的原因，及从曲线可以获取哪些参数。

(4)画出压力降落试井、压力恢复试井的产量和井底压力历史曲线图。

(5)简述什么是压力降落试井，如何用该方法求解油藏有效渗透率。(可作图说明)

(6)作图说明如何用 Horner 试井曲线求解地层有效渗透率。

(7)画出均质油藏常规试井 Horner 曲线示意图，并说明从该曲线可以获取哪些参数。

(8)一口井以稳定流量 Q 生产，早期的试井分析曲线如题图 4-1 所示。已知图中直线段的斜率为 m、原油体积系数 B_o，黏度 μ_o，油层厚度 h。

(9)判断该试井曲线为压力降落试井曲线还是压力恢复试井曲线？

(10)简述利用 MBH 方法求解平均地层压力的步骤。

(11)根据题图 4-1 可以求解哪两个重要参数？并写出其中任意一个参数的计算关系式。

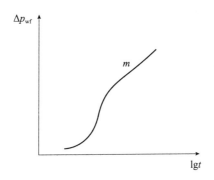

题图 4-1   思考题(11)曲线

(12)下列两条曲线在题图 4-2 上标明哪一条是无流动边界油藏的试井曲线,哪一条是定压边界的试井曲线。

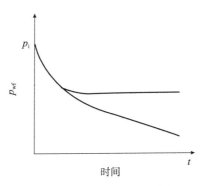

题图 4-2   思考题(12)曲线

(13)题图 4-3 为某单井以稳定产量生产一段时间后的试井曲线,如果以下数据均为已知:产量 Q,原油体积系数 B_o,综合压缩系数 c_t,油层厚度 h,孔隙度 ϕ。是否可以利用该试井曲线图和上述已知信息求解供油面积 A?并简述计算思路(或写出计算表达式)。

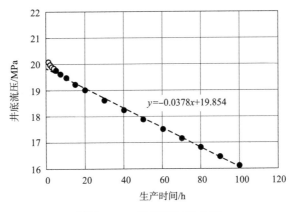

题图 4-3   思考题(13)曲线

(14)下图为某井以稳定流量生产,同时下入压力计测量不同时刻的井底压力随时间变化的函数曲线如题图4-4所示。通过提供该试井分析曲线求解该封闭系统内的供油面积 A 和该单井控制储量 N。

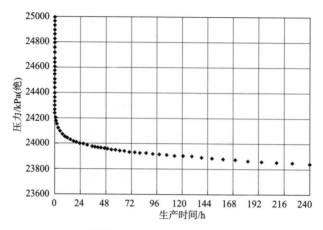

题图4-4　思考题(14)曲线

油藏基本数据如下：

$\phi = 15\%$，$r_w = 0.101\text{m}$，$h = 9.75\text{m}$，$Q = 150\text{m}^3/\text{d}$，

$S_{wi} = 0.25$，$c_t = 12 \times 10^{-4}/\text{MPa}^{-1}$，$\mu_o = 2.0\text{mPa} \cdot \text{s}$，$B_o = 1.25\text{m}^3/\text{m}^3$。

(15)某井以稳定流量生产，同时下入压力计测量不同时刻的井底压力随时间变化的函数曲线如题图4-5所示。

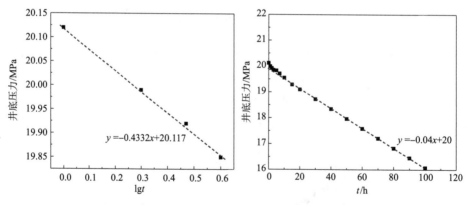

题图4-5　不同时刻的井底压力随时间变化的函数曲线

①分别说明两幅图的区别，并分别简述可以用来求解哪些重要油藏物性参数。

②通过该试井分析曲线图求解该封闭系统内的供油面积 A(单位为 km^2)和储量 N(单位为 10^4m^3)。

油藏基本数据如下：$\phi = 15\%$，$r_w = 0.101\text{m}$，$h = 10\text{m}$，$Q = 200\text{m}^3/\text{d}$，$S_{wi} = 0.27$，$c_t = 10 \times 10^{-4}\text{MPa}^{-1}$，$\mu_o = 3.0\text{mPa} \cdot \text{s}$，$B_o = 1.2\text{m}^3/\text{m}^3$。

课外书籍与自学资源推荐

1. 书籍《实用现代试井解释方法(第五版)》

作者：刘能强

出版社：石油工业出版社

出版时间：2008 年

推荐理由：该书深入浅出地介绍了现代试井解释技术，包括压力和压力导数解释图版的拟合分析以及半对数线等常规试井解释方法。本书不仅注重理论的系统性和深入性，更强调实用性，内容新颖，紧跟国际发展动态。新增的基本理论详细介绍和试井解释方法的最新成果，以及国内外典型实例的分析，使得本书成为油藏工程领域学生和工程技术人员的宝贵自学资源。

2. 书籍《实用试井解释方法》

外文书名：Applied Well Test Interpretation

作者：John P Spivey，W John Lee

译者：韩永新，孙贺东，邓兴梁，施英

出版社：石油工业出版社

出版时间：2016 年

该书从试井解释的基本概念出发，以单层均质储层中一口单相流体产出井为例，全面、系统地阐述了流体在多孔介质中的流动、双对数典型曲线分析方法、流动形态及其诊断图、有界储层压力动态特征、井筒及近井筒现象等方面内容，并给出了推荐的试井解释及试井设计工作流程。这本书深入浅出，注重实际应用，是油藏工程领域学生和工程技术人员的宝贵自学资源。

5

油气藏动态分析原理

知识与能力目标

➤ 了解油田开发动态数据的物质平衡分析方法。

➤ 重点掌握物质平衡原理。

➤ 了解油田产量变化的基本特征。

➤ 重点掌握产量递减的基本规律。

➤ 重点掌握不同类型水驱特征。

素质目标

➤ 增强实践技能，了解案例分析与操作，提升油田生产数据分析与预测能力。

产量之谜——动态分析在产能预估的应用探究

在新疆油田的发展历程中，八区油藏宛如一颗璀璨的明珠，闪耀着独特的光芒。自1958年被发现以来，经历了无数的风雨，见证了石油工业的发展与变迁。

八区油藏的历史，是一部波澜壮阔的奋斗史。从最初的发现到成为我国西北地区最大的采油厂，承载了无数石油人的梦想与努力。然而，随着时间的推移，这个老油藏也面临着产量递减的困境。

面对挑战，石油人没有退缩。不断探索，勇于创新，通过一系列的措施和技术，努力让这个老油藏重新焕发生机。

在八区油藏的开发过程中，各项技术的应用起到了关键作用。新疆油田公司持续加强研究，加深认识，加大试验，将八区油藏打造成为各项技术的试验田。

针对不同类型的油藏，研究人员采取了多种开发方式。例如，在强水敏油藏开展CCUS先导试验，提高了原油采收率，实现了就地封存、减碳增油的目标；在特低渗油藏开展"8注15采"小井距五点法精细水驱试验区，通过综合手段提高储量动用，恢复地层压力。

同时，科研人员还借鉴页岩油等非常规油藏开发思路，在八区下乌尔禾组油藏开展水平井多级压裂提产试验，并逐步形成了针对老区"水淹层精细识别避射+差异化压裂规模设计"的投产方式，实现了有效挖潜。

经过持续的攻坚试验，八区油藏终于取得了显著的成果。2023年，八区"压舱石"工程通过各种措施累计生产原油107.7万吨，提前实现上产百万吨的目标。

未来，按照新疆油田八区"压舱石"工程实施的整体部署规划，八区油藏将在100万吨以上产量的基础上稳产18年。

在新疆油田广大将士的精细研究和奋力拼搏下，八区"压舱石"工程正实现精彩逆袭，并以百万吨雄姿再度起航。它不仅是石油工业的骄傲，更是石油人精神的象征。

问题与思考

(1) 上述案例给你带来什么样的启发？

(2) 什么是产量递减？油田的产量变化会经历哪些阶段？

(3) 递减期油藏的开发指标会呈现规律性变化么？

(4) 如果预测产量会发生递减，哪些措施稳定或提升产量？

5.1 油气藏动态分析简介

5.1.1 油气藏动态分析的目的

油藏动态分析旨在探究油藏动态变化规律，识别影响油田动态变化的关键因素，并为油藏开发调整提供科学依据与策略。分析方法可大致分为以下两类。

1. 理论方法

理论方法包括但不限于 B－L 方法（Buckley－Leverett 方法）、物质平衡方程法以及数值模拟方法等。这些方法基于油藏物理和流体力学的原理，通过对油藏参数的计算和分析，揭示油藏动态变化的内在规律，如图 5－1 所示。第 3.2.5 节已经详细介绍了 B－L 方法，第 7.1 节将介绍油藏数值模拟方法，本章主要介绍物质平衡方程法。

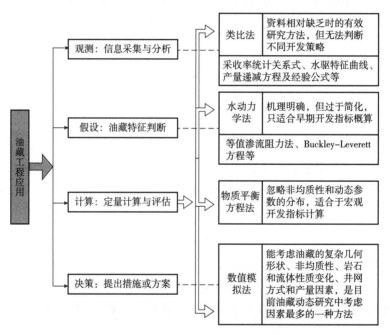

图 5－1 油气藏理论分析方法逻辑图

2. 经验方法

经验方法主要包括产量递减分析方法和水驱特征曲线分析方法。这些方法通过收集和分析油藏开发过程中的实际数据，如产量、产水量等，识别油藏动态变化的模式和趋势，为油藏开发提供实践指导。

5.1.2 油气藏动态分析的步骤

油藏动态分析是油气田开发管理中的关键环节，其分析流程可概括为以下三个主要步骤。

1. 历史拟合阶段

通过分析已积累的生产数据，对油藏的历史开发过程进行模拟，旨在揭示油藏的开发规律和行为特征。这一步骤是对油藏历史动态的回顾和理解。

2. 动态预测环节

基于历史拟合得到的认识，运用这些动态描述方法预测油藏未来的生产趋势，为油藏的开发规划和决策提供依据。这一步骤强调对油藏未来动态的预测和规划。

3. 校正和完善步骤

将预测结果与实际生产数据进行对比验证，通过不断调整和完善动态变化规律，以提高预测的准确性和实用性。这一步骤体现了对油藏动态分析的持续优化和修正。

从认识论的视角来看，油气田开发是一个不断深化的认识过程，旨在使油藏的开发活动更加符合实际的规律和动态。这一过程要求开发者不断收集新的数据，更新分析模型，并据此调整开发策略，以实现油藏的高效开发和管理。

5.2　物质平衡方程分析方法

5.2.1　油藏物质平衡分析方法

5.2.1.1　油藏饱和类型和驱动类型的划分

在对新发现的油藏进行评价时，可通过探井测压和高压物性分析资料来确定油藏的原始地层压力(p_i)和饱和压力(p_b)。根据这两者之间的数值关系，油藏可分为以下两大类。

1. 未饱和油藏

当原始地层压力(p_i)大于饱和压力(p_b)时，油藏处于未饱和状态。

2. 饱和油藏

当原始地层压力(p_i)小于或等于饱和压力(p_b)时，油藏处于饱和状态。在原始条件下的饱和油藏，可以具有气顶或没有气顶。

进一步地，在明确了油藏的饱和类型后，可以根据油藏的原始边界条件，包括边底水的存在与否、气顶的存在与否，以及油、气地层渗流所受到的驱动力，划分油藏的天然驱动类型。这些驱动类型如图 5 – 2 所示，有助于理解油藏的开发特性和选择合适的开发策略。

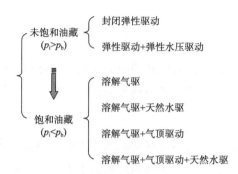

图 5 - 2　油藏饱和类型和驱动类型的划分示意图

5.2.1.2　油藏物质平衡方程的建立

1. 油藏物质平衡方程通式的推导

1936 年，R J Schilthuis(薛尔绍斯)利用物质平衡原理，首先建立了油藏的物质平衡方程(material balance equation)。考虑一个实际的断块油藏，其原始地层压力低于油藏饱和压力(有气顶)，并且有一定的供水区，存在边底水的作用，其流体分布形式如图 5 - 3 所示。

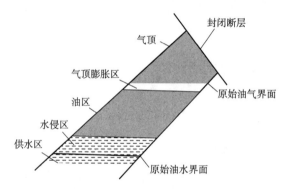

图 5 - 3　综合驱动方式下断块油藏的流体分布示意图

在构建统一水动力学系统的油藏物质平衡方程式时，有以下基本假设：①储层物性和流体物性在油藏范围内具有均质性和各向同性；②油藏内各点的地层压力在任意时刻均达到平衡，压力变化在瞬间达到全油藏的平衡；③油藏在整个开发周期内维持热动力学平衡，地层温度保持恒定(变化不明显)；④忽略油藏内部的毛细管力和重力效应；⑤油藏各个部位的采出量、注入量均衡，且在瞬间达到平衡，且不考虑储层压实的影响。

依据上述假设，可以将实际油藏简化为一个封闭型或不封闭型(具有天然水侵)的地下储油、气容器，如图 5 - 4 所示，当压力变化时，其容积为定值，即在开发过程中的任一时刻，油藏中流体的地下体积等于原始条件下油藏流体的地下体积。据此定律建立的方程式被称为物质平衡方程式，即公式(5 - 1)。

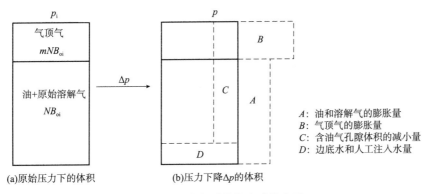

图 5-4 油藏物质平衡方式示意图

原始条件下气顶气区域气体体积 + 油区油体积 = 压力为 p 时油区油的体积(V_A) +

气顶区气的体积(V_B) + 束缚水体积膨胀及孔隙体积减小引起的含烃孔隙体积的

减少量(V_C) + 边底水入侵量及注水量(V_D)   (5-1)

1)原始条件下油区油体积

$$原始条件下油区油体积 = NB_{oi}   (5-2)$$

式中，N 为原始原油地质储量，$10^4 \mathrm{m}^3$；B_{oi} 为原始原油地层体积系数，$\mathrm{m}^3/\mathrm{m}^3$。

2)原始条件下气顶气区域气体体积

$$原始条件下气顶气区域气体体积 = mNB_{oi}   (5-3)$$

式中，m 为原始条件下气顶区的天然气地下体积与含油区的原油地下体积之比，$\mathrm{m}^3/\mathrm{m}^3$。

3)压力为 p 时油区油的体积

压力为 p 时油区油的体积(V_A)等于油区原始原油体积减去产出原油的体积。

$$V_A = (N - N_p)B_o   (5-4)$$

式中，N_p 为压力下降至 p 时的累计产量，$10^4 \mathrm{m}^3$；B_o 为压力为 p 时原油的地层体积系数，$\mathrm{m}^3/\mathrm{m}^3$。

4)压力为 p 时气顶区气的体积

压力为 p 时气顶区气的体积(V_B)等于气顶区气顶的体积加上原油中溶解气的析出体积，并减去产出原油中的溶解气体积。

$$V_B = \left[\frac{mNB_{oi}}{B_{gi}} - N_p R_p + N R_{si} - (N - N_p) R_s \right] B_g   (5-5)$$

式中，B_{gi} 为天然气的原始地层体积系数，$\mathrm{m}^3/\mathrm{m}^3$；$B_g$ 为压力为 p 时天然气的地层体积系数，$\mathrm{m}^3/\mathrm{m}^3$；$R_p$ 为压力为 p 时的生产气油比，$\mathrm{m}^3/\mathrm{m}^3$；$R_{si}$ 为原始溶解气油比，$\mathrm{m}^3/\mathrm{m}^3$；$R_s$ 为压力为 p 时的溶解气油比，$\mathrm{m}^3/\mathrm{m}^3$。

5)压力为 p 时束缚水体积膨胀及孔隙体积减小引起的含烃孔隙体积的减少量(V_C)

$$V_C = \frac{(1+m)NB_{oi}}{1 - S_{wc}} c_f \Delta p + \frac{(1+m)NB_{oi}}{1 - S_{wc}} c_w S_{wc} \Delta p   (5-6)$$

式中，S_{wc} 为束缚水饱和度；c_f 为岩石的压缩系数，MPa^{-1}；Δp 为压差，MPa；c_w 为水的压缩系数。

6）压力为 p 时边底水入侵量及注水量（V_D）

$$V_D = (W_e + W_i - W_p)B_w \tag{5-7}$$

式中，W_e 为累计水侵量，m^3；W_i 为累计注水量，m^3；W_p 为累计产水量，m^3。

将公式（5-2）至公式（5-7）代入公式（5-1）中，有：

$$NB_{oi} + mNB_{oi} = (N - N_p)B_o + \left[\frac{mNB_{oi}}{B_{gi}} - N_pR_p + NR_{si} - (N - N_p)R_s\right]B_g$$
$$+ \frac{(1+m)NB_{oi}}{1 - S_{wc}}c_f\Delta p + \frac{(1+m)NB_{oi}}{1 - S_{wc}}c_wS_{wc}\Delta p + (W_e + W_i - W_p)B_w \tag{5-8}$$

由公式（5-8）可解出地质储量：

$$N = \frac{N_p\left[B_o + (R_p - R_s)B_g\right] - (W_e + W_i - W_p)B_w}{(B_o - B_{oi}) + (R_{si} - R_s)B_g + m\dfrac{B_{oi}}{B_{gi}}(B_g - B_{gi}) + (1+m)B_{oi}\dfrac{(c_f + c_wS_{wc})}{1 - S_{wc}}\Delta p}$$

$$\tag{5-9}$$

在公式（5-9）引入两相体积系数 $B_t = B_o + (R_{si} - R_s)B_g$，且 $B_{ti} = B_{oi}$，得：

$$N = \frac{N_p(B_t + (R_p - R_{si})B_g) - (W_e + W_i - W_p)B_w}{(B_t - B_{ti}) + m\dfrac{B_{ti}}{B_{gi}}(B_g - B_{gi}) + (1+m)B_{ti}\dfrac{(c_f + c_wS_{wc})}{1 - S_{wc}}\Delta p} \tag{5-10}$$

式（5-10）即为油藏的物质平衡方程通式。

📝 课堂例题 5-1

计算一个未饱和体积油藏的原始原油地质储量。

已知：

$B_{ti} = 1.35469 m^3/m^3$；

$B_t = 1.37500 m^3/m^3$，压力为 24.82 MPa（表）时；

束缚水饱和度 $= 0.20$；

$c_w = 5.22 \times 10^{-4} MPa^{-1}$；

$B_w = 1.04 m^3/m^3$，压力为 24.82 MPa（表）时；

$c_f = 7.25 \times 10^{-4} MPa^{-1}$；

$p_i = 34.47 MPa$；

$N_p = 1.98 \times 10^5 m^3$；

$\Delta \bar{p} = 9.65 MPa$，压力为 24.82 MPa（表）时；

$W_p = 5087.59 m^3$；

$W_e = 0$

解：

代入公式（5–10），则有：

$$N = \frac{1.98 \times 10^5 \times 1.37500 - 0 + 5087.59 \times 1.04}{1.37500 - 1.35469 + 1.35469 \times \left(\dfrac{7.25 \times 10^{-4} + 5.22 \times 10^{-4} \times 0.2}{1 - 0.2}\right) \times 9.65} = 10.98 \times 10^6 (\text{m}^3)$$

平均原油压缩系数为 $c_o = \dfrac{B_o - B_{oi}}{B_{oi}\Delta \bar{p}} = \dfrac{1.375 - 1.35469}{1.35469 \times 9.65} = 1.55 \times 10^{-3}(\text{MPa}^{-1})$

利用公式计算有效综合压缩系数：

$$c_t^* = \frac{[c_f + c_w S_{wc} + c_o(1 - S_{wc})]}{1 - S_{wc}}$$

$$= \frac{(0.8 \times 1.55 \times 10^{-3} + 0.2 \times 5.22 \times 10^{-4} + 7.25 \times 10^{-4})}{0.8} = 2.59 \times 10^{-3}(\text{MPa}^{-1})$$

利用公式和 W_p 计算原始原油地质储量：

$$N = \frac{N_p B_t + W_p B_w}{c_t^* \Delta \bar{p} B_{ti}} = \frac{1.98 \times 10^5 \times 1.37500 + 5087.59 \times 1.04}{2.59 \times 10^{-3} \times 9.65 \times 1.35469} = 8.2 \times 10^6 (\text{m}^3)$$

如果地层水和岩石的压缩系数忽略不计，则 $c_t^* = c_o$，原始原油地质储量 N 为

$$N = \frac{N_p B_t + W_p B_w}{c_o \Delta \bar{p} B_{ti}} = \frac{1.98 \times 10^5 \times 1.37500 + 5087.59 \times 1.04}{1.55 \times 10^{-3} \times 9.65 \times 1.35469} = 1.37 \times 10^7 (\text{m}^3)$$

由此可见，压缩系数显著的影响原始原油地质储量 N。压力高于泡点压力时，油藏开采基于能量衰竭开采，或流体膨胀开采机理。到达泡点压力后地层水和岩石的压缩系数对计算的影响变得更小，因为此时气体的压缩系数非常大。

2. 油藏物质平衡方程的特点

油藏物质平衡方程具有以下特点。

（1）物质平衡方程的模型是零维模型。由于该方程式不考虑油、气渗流在空间上的变化，因此它也被视为零维的两相或三相模型。

（2）方程形式上与 t 无关，实际上其中的累计水侵量（W_e）是 t 的函数。

（3）方程中的 PVT 参数以及 W_e、孔隙体积减小量等与压力有关。

（4）方程中的参数类型有：PVT 参数、生产历史参数、地质参数、水侵动态、岩石物性参数。

（5）方程仅与状态有关，与过程无关。

3. 油藏物质平衡方程通式的化简

对于油藏的不同驱动类型，需要建立与之相应的物质平衡方式。根据图 5–2 中油藏饱和类型和驱动类型的划分方法，可以得到相应条件下的油藏物质平衡方程简化形式。

下面以封闭型未饱和油藏为例。该类油藏的形成条件为：无边底水、注水，无气顶，地层压力大于饱和压力。即 $p_i > p_b$，$W_e = 0$，$W_i = 0$，$W_p = 0$，$m = 0$，$R_p = R_s = R_{si}$，$B_o - B_{oi} =$

$B_{oi}c_o\Delta p$。故由公式(5-10)得：

$$N = \frac{N_p B_o}{B_{oi}c_o\Delta p + B_{oi}\dfrac{(c_f + c_w S_{wc})}{1 - S_{wc}}\Delta p} \tag{5-11}$$

引入综合压缩系数：

$$c_t^* = c_o + \frac{(c_f + c_w S_{wc})}{1 - S_{wc}} \tag{5-12}$$

则得：

$$N = \frac{N_p B_o}{B_{oi}c_t^*\Delta p} \tag{5-13}$$

由此可得到采出程度为：

$$R = \frac{N_p}{N} = \frac{B_{oi}c_t^*\Delta p}{B_o} \tag{5-14}$$

课堂讨论

　　根据简化条件推导出其他各种驱动形式的物质平衡方程简式。

课堂例题 5-2

　　假如某一油藏的原始地层压力 p_i 为 27.58MPa，其对应的原油体积系数 B_{oi} 为 1.2417m³/m³；饱和压力 p_b 为 22.96MPa，其对应的原油体积系数 B_{ob} 为 1.2511m³/m³；另外油藏岩石的有效压缩系数 c_f 为 $12.47\times10^{-4}\text{MPa}^{-1}$，束缚水饱和度 S_{wc} 为 0.20，水的压缩系数 c_w 为 $4.35\times10^{-4}\text{MPa}^{-1}$，求弹性开采阶段的采收率。

解：

计算平均压缩系数的公式为：

$$c_o = -\frac{1}{V_o}\frac{dV_o}{dp} = \frac{1}{B_{oi}}\frac{B_o - B_{oi}}{\Delta p}$$

将数据代入公式，得：

$$c_o = \frac{1}{1.2417}\times\frac{1.2511 - 1.2417}{27.58 - 22.96} = 16.39\times10^{-4}\text{MPa}^{-1}$$

由

$$c_t^* = c_o + \frac{c_w S_{wc} + c_f}{1 - S_{wc}}$$

将数据代入公式，得：

$$c_t^* = 16.39\times10^{-4} + \frac{4.35\times10^{-4}\times0.20 + 12.47\times10^{-4}}{1 - 0.20} = 33.07\times10^{-4}\text{MPa}^{-1}$$

由

$$N = \frac{N_p B_o}{c_t^* B_{oi} \Delta p}$$

将数据代入公式，计算出地层压力从原始油藏压力下降到饱和压力的采出程度 R_b（即弹性开采阶段的采收率）：

$$R_b = \frac{N_{pb}}{N} = \frac{c_t^* B_{oi}(p_i - p_b)}{B_{ob}} = 0.0152$$

即该油藏弹性开采阶段的采收率仅为 1.52%，也就是说，此阶段只能采出原始地质储量的很小一部分，但是油藏压力却下降了 16.75%。这是由于此阶段油藏孔隙空间中只含有液体油和水，其有效压缩系数很小的缘故。

📝 **课堂例题 5 - 3**

在例题 5 - 2 的油藏条件中，溶解气驱油藏的废弃压力 P_{ab} 为 6.21MPa，在该压力下的原油体积系数 B_o 为 1.0940m³/m³，天然气体积系数 B_g 为 190.35 × 10⁻⁴m³/m³，溶解气油比 R_s 为 21.72m³/m³ 原始地层压力下的溶解气油比 R_{si} 为 90.78m³/m³，其余参数与例1中的相同。

(1) 如果该油藏压力下降到 18.62MPa 时开始实施注水，此压力下的原油体积系数 B_o 为 1.2022m³/m³，气体体积系数 B_g 为 0.0060m³/m³，溶解气油比 R_{si} 为 71.38m³/m³，生产气油比 R 是 534m³/m³，日产原油 Q_o 为 10000m³，要实现瞬时注采平衡保持目前压力，求日注水量 Q_w。

(2) 如果压力降到饱和压力 p_b 时就开始注水（此时瞬时生产气油比 R 等于溶解气油比 R_s），同样日产原油 Q_o 为 10000m³，要实现瞬时注采平衡保持目前压力，求日注水量 Q_w。

解：

(1) 由地下注采平衡，可得：

$$Q_w = Q_o[B_o + (R_p - R_s)B_g]$$

将数据代入公式，得：

$$Q_w = 10000 \times [1.02022 + (534 - 71.38) \times 0.0060] \approx 40000m³$$

因此，为了日产 10000m³ 油需要的日注水量为 40000m³，其中有近 70% 是用来驱替自由气。

(2) 由于

$$Q_w = Q_o B_{ob}$$

将数据代入公式，得：

$$Q_w = 10000 \times 1.2511 = 12511m³$$

由于油藏压力高于饱和压力时，原油体积系数 $B_o < B_{ob}$，所以在饱和压力以上实现瞬

时注采平衡所需的日注水量均小于 $12511m^3$。因此，实际油田开发时，通常在油藏压力下降到饱和压力之前或略低于饱和压力时就开始注水，这样可以提高注入水的驱替效率。

5.2.1.3 油藏物质平衡方程的应用

1. 油藏驱动指数计算

驱动指数(drive index)是指在综合驱替方式下某种驱替能量所排出的流体量占总采出量的百分数。收集油藏开发的实际数据，可以计算出驱动指数及其变化情况。通过分析这些数据，可以判断油藏的驱动机制，评估各种驱动能量的利用效率。此外，通过人为干预，如调整注水策略等，可以优化驱动能量的利用，从而提升油藏的开发效果和采收率。

将公式(5-9)进行重新整理，公式的左边为累计产油量和累计产水量(即采出流体的地下体积)，则：

$$N_p\left[B_o + (R_p - R_s)B_g\right] + W_pB_w = N(B_o - B_{oi}) + N(R_{si} - R_s)B_g$$
$$+ mN\frac{B_{oi}}{B_{gi}}(B_g - B_{gi}) + (1+m)NB_{oi}\frac{(c_f + c_wS_{wc})}{1-S_{wc}}\Delta p + W_eB_w + W_iB_w \tag{5-15}$$

令 $F = N_p\left[B_o + (R_p - R_s)B_g\right] + W_pB_w$，公式(5-14)的两侧都除以 F，得：

$$1 = \frac{N(B_o - B_{oi}) + N(R_{si} - R_s)B_g}{F} + \frac{mN\frac{B_{oi}}{B_{gi}}(B_g - B_{gi})}{F}$$
$$+ \frac{(1+m)NB_{oi}\frac{(c_f + c_wS_{wc})}{1-S_{wc}}\Delta p}{F} + \frac{W_eB_w}{F} + \frac{W_iB_w}{F} \tag{5-16}$$

根据前面有关驱动指数得定义，由公式(5-15)可以写出各种驱动指数的表达式。

①弹性驱动指数：

$$EDI = \frac{N(B_o - B_{oi}) + N(R_{si} - R_s)B_g}{N_p\left[B_o + (R_p - R_s)B_g\right] + W_pB_w} \tag{5-17}$$

②溶解气驱动指数：

$$DDI = +\frac{mN\frac{B_{oi}}{B_{gi}}(B_g - B_{gi})}{N_p\left[B_o + (R_p - R_s)B_g\right] + W_pB_w} \tag{5-18}$$

③气顶气驱动指数：

$$CDI = \frac{(1+m)NB_{oi}\frac{(c_f + c_wS_{wc})}{1-S_{wc}}\Delta p}{N_p\left[B_o + (R_p - R_s)B_g\right] + W_pB_w} \tag{5-19}$$

④天然水侵驱动指数：

$$W_eDI = \frac{W_eB_w}{N_p\left[B_o + (R_p - R_s)B_g\right] + W_pB_w} \tag{5-20}$$

⑤人工注水驱动指数：

$$W_iDI = \frac{W_iB_w}{N_p[B_o + (R_p - R_s)B_g] + W_pB_w} \tag{5-21}$$

将公式(5-16)至公式(5-20)代入公式(5-15)中，得：

$$EDI + DDI + CDI + W_eDI + W_iDI = 1 \tag{5-22}$$

因此，所有驱动指数的总和等于1。油藏的主导驱动能量决定了其驱动类型，当某一驱动指数降低时，其他驱动指数将相应增加。在油藏开发过程中，驱动指数会持续变化，必须及时调整开发策略，以优化驱动效率，提高油藏开发效果。

📝 **课堂例题5-4**

某带气顶具有边水驱动的油气藏如例图5-1所示。例图5-2为该油藏得各项驱动指数曲线，图中的消耗驱动指数为弹性驱动和溶解气驱动的指数之和。

试分析该油藏的驱动能量变化。

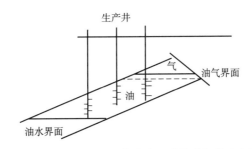

例图5-1 某带气顶具有边水驱动的油气藏示意图

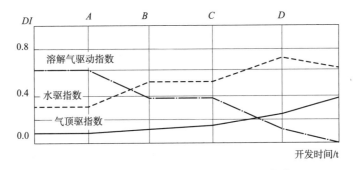

例图5-2 驱动指数随开发时间的变化曲线

答：

在油藏开发的早期阶段，即 A 点之前，油藏主要受溶解气、弹性驱动的影响，此时驱动指数的消耗达到0.6，而水驱动指数和气顶气驱动指数分别为0.3和0.1。到达 A 点时，为了增加水驱动指数，对部分高含水率的井进行了堵水措施，以降低产水量，从而使水驱动指数开始上升。至 B 点，随着修井作业的完成，水驱动指数提升至0.5，同时消耗驱动指数降至0.4。在 BC 阶段，油、气、水的产量相对稳定，各驱动指数未有显著变动。至 C

点，关闭了一些高含水率的井，导致水驱动指数再次上升；同时，关闭了一些高气油比的井，并将这些井的产量重新分配至气油比正常的生产井，从而气顶驱动指数也开始增加。在 D 点，对气顶进行了气体回注，使得气顶驱动指数显著提高，水驱动指数略有下降，但总体保持稳定，而消耗驱动指数则显著下降。这一变化是油藏有效开发的重要标志。若消耗驱动指数能够降低至零，则预示着油藏的采收率可能达到较高水平。然而，要实现消耗驱动指数降至零，需要精确维持油藏压力，这在实际操作中是较困难的。正如例图 5-2 所示，各项驱动指数之和始终保持等于1。

2. 天然水侵油藏水侵量计算

对于具有边底水的水驱油藏，想用物质平衡方程计算原始地质储量及进行动态预测之前，必须解决水侵量的计算问题。为此，本节介绍计算水侵量的不同模型。

根据天然水域的形状，水侵可以分为直线流、平面径向流和半球形流三种形式，如图 5-5 所示。

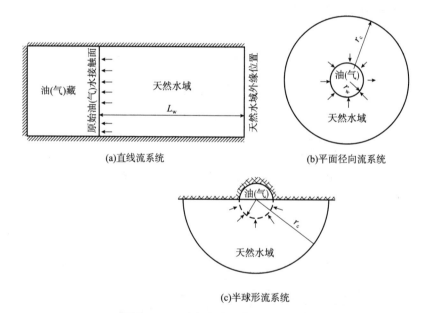

图5-5 不同方式的天然水侵示意图

计算水侵量的模型主要有小水体水侵、定态水侵、准定态水侵、非定态水侵等。

1) 小水体水侵

当水区的范围比较小，油藏的压降能迅速地传播到整个水区范围，需要的时间较短，可以近似的认为水侵量与时间无关。

$$W_e = V_{pw}(c_f + c_w)\Delta p \qquad (5-23)$$

式中，W_e 为天然累计水侵量，m^3；V_{pw} 为天然水域的地层孔隙体积，m^3。

2) 定态水侵

当水区有充足的水源补给时，水区地层压力不变。此时，由于采油速度不高，油藏的压力也保持稳定。此时的油藏采液速度等于边水入侵的速度。

$$Q_e = \frac{\mathrm{d}W_e}{\mathrm{d}t} = K_2 \Delta p \qquad (5-24)$$

$$W_e = K_2 \Delta p t \qquad (5-25)$$

式中，t 为开采时间，d；K_2 为水侵系数，$\mathrm{m^3/(MPa \cdot d)}$，与天然水域的储层物性、流体物性和油藏边界形状等有关，水侵系数的物理意义为单位时间单位压降下侵入到油藏中的水量。

①对于线性流，则有：

$$K_2 = \frac{K_w h B}{\mu_w L} \qquad (5-26)$$

式中，K_w 为天然水域的渗透率，$10^{-3}\,\mu\mathrm{m}^2$；h 为天然水域的有效厚度，m；B 为天然水域的宽度，m；L 为油水接触面到天然水域外缘的长度，m。

②对于径向流，则有：

$$K_2 = \frac{2\pi K h}{\mu_w \ln \dfrac{R_e}{R_o}} \cdot \frac{\theta}{360} \qquad (5-27)$$

式中，θ 为水侵的圆周角，(°)；R_o 为油水接触面的半径，m。

图 5-6 给出了不同类型天然水侵油藏的 θ 值。

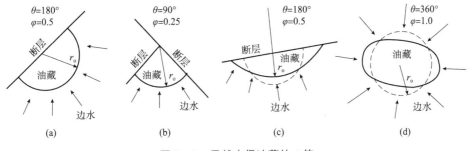

图 5-6　天然水侵油藏的 θ 值

3）准定态水侵

当有充足的边水供应，即供水区的压力较稳定，但油藏压力还未达到稳定状态时，可以将这个压力变化阶段看成无数个稳定状态的变化。这时的水侵速度为：

$$Q_e = \frac{\mathrm{d}W_e}{\mathrm{d}t} = K_2 \Delta p \qquad (5-28)$$

将上式进行积分，得到水侵量与时间之间的关系：

$$W_e = \int_0^t Q_e \mathrm{d}t = \int_0^t K_2 \Delta p \mathrm{d}t = K_2 \int_0^t \Delta p \mathrm{d}t = K_2 \int_0^t (p_i - p)\mathrm{d}t \qquad (5-29)$$

由图形积分近似法，得：

$$W_e = K_2 \sum_{j=1}^{n} \frac{(p_i - p_{j-1}) + (p_i - p_j)}{2}(t_j - t_{j-1}) = K_2 \sum (\overline{\Delta p} \times \Delta t) \quad (5-30)$$

4）非定态水侵

当含水区较大时，油藏产生的压力降不断向外传播，边底水的侵入速度不是常数，而是随时间变化。此时水侵量与油藏及供水区的形状、大小、连通情况等有关。

Van Everdingen 和 Hurst 基于平面径向流系统，给出了天然累计水侵量得表达式：

$$W_e = B_R \sum_{0}^{t} \Delta p Q(t_D, r_D) \quad (5-31)$$

式中，B_R 为水侵系数，m^3/MPa。

其物理意义是每降低单位压力靠水区弹性能驱入油藏中水的体积。B_R 的计算公式如下：

$$B_R = 2\pi R_o^2 \phi h c_e \quad (5-32)$$

式中，R_o 为油水接触面的半径，m；ϕ 为天然水域的有效孔隙度，小数；h 为天然水域的有效厚度，m；c_e 为天然水域内地层水和岩石的有效压缩系数，$c_e = c_f + c_w$，MPa^{-1}。

油水边界压力很难获得，一般用油藏平均压力替代，实际油田压力一般要不断下降，如图 5-7 所示。不同开发时间的有效地层压降，由下式确定：

$$\Delta p_0 = p_i - \overline{p}_0 = p_i - \frac{p_i + p_0}{2} = \frac{p_i - p_0}{2}$$

$$\Delta p_1 = \overline{p}_0 - \overline{p}_1 = \frac{p_i - p_1}{2}$$

$$\Delta p_2 = \overline{p}_1 - \overline{p}_2 = \frac{p_1 - p_3}{2} \qquad (5-33)$$

$$\cdots\cdots$$

$$\Delta p_{n-1} = \overline{p}_{n-1} - \overline{p}_n = \frac{p_{n-2} - p_n}{2}$$

$$\Delta p_n = p_n - \overline{p}_{n-1} = \frac{p_{n-1} - p_n}{2}$$

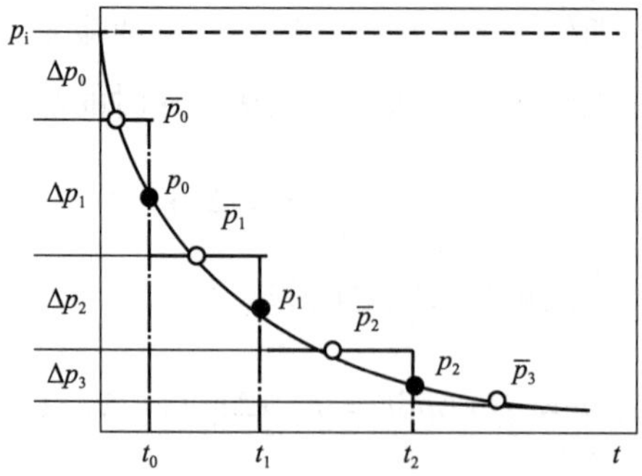

图 5-7　油藏平均压力与开发时间的变化规律

$Q(r_D,\ t_D)$为无因次水侵量，是无因次时间和无因次水体半径的函数：

$$r_D = r_e/r_o \tag{5-34}$$

$$t_D = \frac{8.64 \times 10^{-2} K_w t}{\phi \mu_w c_e r_o^2} = \beta_R t \tag{5-35}$$

式中，β_R 为平面径向流的综合系数，t 为开发时间，d。

平面径向流系统的无因次水侵量 $Q(t_D)$ 与无因次时间 t_D 之间的关系图如图 5-8 所示。

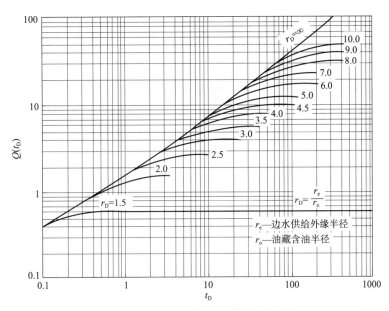

图 5-8　平面径向流系统无限大天然水域和有限封闭天然水域 $Q(t_D)$ 与 t_D 的关系曲线

3. 油藏储量计算

在应用物质平衡方程式求解油藏的实际问题时，一般都要对它进行形式上的简化处理。油藏任何驱动类型的物质平衡方程式，都可以写成如下的直线关系式：

$$y = N + Bx \tag{5-36}$$

式中，N 为油藏的原始地质储量，$10^4 \mathrm{m}^3$；B 为天然水侵系数，$10^4 \mathrm{m}^3/\mathrm{MPa}$。

由公式(5-36)可以看出，物质平衡方程式的直线表达式，具有截距就是地质储量，斜率是天然水侵系数的特点。

下面给出不同类型油藏的油藏储量的线性化处理方法。

1) 封闭型油藏储量计算

由公式(5-13)，可以将封闭型油藏的物质平衡方程改写成：

$$N_p B_o = N B_{oi} c_t^* \Delta p \tag{5-37}$$

在上述直线关系中，直线的斜率就是地质储量 N。

2) 天然水侵油藏储量计算

根据公式(5-10)，可以将天然水侵油藏的物质平衡方程改写成：

$$\frac{N_p\left[B_t + (R_p - R_{si})B_g\right] - (W_i - W_p)B_w}{(B_t - B_{ti}) + m\dfrac{B_{ti}}{B_{gi}}(B_g - B_{gi}) + (1 + m)B_{ti}\dfrac{(c_f + c_w S_{wc})}{1 - S_{wc}}\Delta p} =$$

$$N + B_R\frac{\sum_0^t \Delta p Q_D(t_D, r_D)}{(B_t - B_{ti}) + m\dfrac{B_{ti}}{B_{gi}}(B_g - B_{gi}) + (1 + m)B_{ti}\dfrac{(c_f + c_w S_{wc})}{1 - S_{wc}}\Delta p} \tag{5-38}$$

在上述直线关系中，直线的截距就是地质储量 N，斜率是水侵系数 B_R。

4. 油藏动态预测

本节以封闭性无气顶的饱和油藏（溶解气驱油藏）为例，介绍采用物质平衡方法预测油藏动态的内容、所需收集整理的资料以及预测的步骤和方法。

采用物质平衡方法预测溶解气驱油藏的动态，需要物质平衡方程、瞬时生产气油比方程和油藏饱和度方程。

对于封闭性无气顶饱和油藏，$p_i = p_b$，$W_e = 0$，$W_i = 0$，$W_p = 0$，$m = 0$，$R_p \neq R_s \neq R_{si} \neq 0$，所以，其物质平衡方程为：

$$N_p R_p = \frac{N(B_t - B_{ti}) - N_p(B_t - R_{si}B_g)}{B_g} \tag{5-39}$$

瞬时气油比（R_g）方程：

$$R_g = \frac{Q_g}{Q_o} = \frac{\dfrac{q_g}{B_g} + q_o R_s}{\dfrac{q_o}{B_o}} = = \frac{\dfrac{K_g}{\mu_g B_g}}{\dfrac{K_o}{\mu_o B_o}} + R_s = \frac{K_g \mu_o B_o}{K_o \mu_g B_g} + R_s \tag{5-40}$$

油相饱和度方程：

$$S_o = \frac{(N - N_p)B_o}{\dfrac{NB_o}{1 - S_{wc}}} = \left(1 - \frac{N_p}{N}\right)\frac{B_o}{B_{oi}}(1 - S_{wc}) \tag{5-41}$$

下面介绍动态预测过程，如图 5-9 所示。

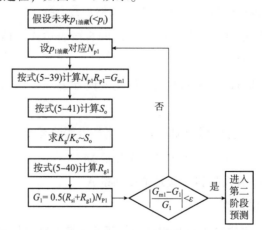

图 5-9　动态预测步骤示意图

1）预测的第一阶段

（1）选定一个未来油藏压力值，并预先假设一个 N_p 值为 N_{p_1}，求出 $N_p R_p$。

（2）由所设 N_{p_1} 求出 S_o，查 $K_{rg}/K_{ro} \sim S_o$ 曲线求出 K_g/K_o，计算瞬时气油比 R_{g1}。

（3）计算出第 1 期全部产气量为：

$$G_1 = \frac{R_{si} + R_{g1}}{2} N_{p_1} = R_{p_1} N_{p_1} \tag{5-42}$$

其中：

$$\frac{R_{si} + R_{g1}}{2} = R_{p_1} \tag{5-43}$$

（4）如果式（5-39）与式（5-42）算出的产气量相等，即所设 N_{p_1} 值合适；否则，应重设一个 N_p 值，重复上述计算。

（5）为简化计算过程，可选 3 个 N_p 值，计算出相应的产气量，按式（5-39）与式（5-42）绘出 $N_p R_p$ 与 N_p 关系曲线，两曲线相交之点即为所求结果。

2）预测的第二阶段

（1）选定第 2 个未来油藏压力值，设一个新的 N_{p_2} 值，这时阶段总产气为：

$$G_{mb2} = N_{p_2} R_{p_2} - N_{p_1} R_{p_1} = \frac{N(B_t - B_{ti}) - N_{p_2}(B_t - R_{si}B_g)}{B_g} - N_{p_1} R_{p_1} \tag{5-44}$$

（2）由所设的 N_{p_2} 算出 S_o，查出 K_g/K_o 的值。

（3）按式（5-40）算出 R_2，计算第 2 阶段的总产气量：

$$G_1 = \frac{R_2 + R_1}{2}(N_{p_2} - N_{p_1}) = R_{p_2}(N_{p_2} - N_{p_1}) \tag{5-45}$$

（4）如果所算出的 $G_{mb2} = G_2$，则所设 N_{p_2} 正确，否则重新设定；也可用作图法求解。

以此类推，直至溶解气驱对应的废弃压力 p_{ab} 为止。根据废弃压力下的累计产油量 $N_{p_{ab}}$，即可计算出溶解气驱的采收率：

$$R_e = \frac{N_{p_{ab}}}{N} \times 1005 \tag{5-46}$$

油藏的动态预测结果，通常以关系曲线的形式给出。

5.2.2 气藏物质平衡分析方法

对于气藏而言，物质平衡方程的建立相对简易，但其应用范围却颇为广泛。气藏物质平衡分析方法可用于确定气藏的原始地质储量，判别气藏是否存在边水、底水的侵入，计算和预测气藏天然水侵量，估算采收率以及进行气藏动态预测等。由于物质平衡方法仅需高压物性资料和实际生产数据，计算方法和程序相对简单，早已成为常规的气藏工程分析方法之一，在国内外多个气藏中得到广泛应用。

5.2.2.1 气藏类型划分

根据气藏有无边底水的侵入，可将气藏分为水驱气藏和封闭气藏两类。此外，根据气藏压力系数的大小，可将气藏分为正常压力系统气藏和异常压力系统气藏。通常，压力系数大于 1.5 的气藏称为异常高压气藏，压力系数小 0.9 的气藏称为异常低压气藏，正常压力系统气藏的压力系数在 0.9 至 1.1 之间。异常高压气藏具有地层压力高、温度高和储层封闭的特点，在天然气工业中具有极为重要的地位。

对于定容正常压力系统的气藏，在整个开发过程中仅存在单一气相的流动，并表现为一个压力连续下降的过程。由于天然气的密度小、黏度低，在气藏压力很低的情况下，只要存在一个很小的压差，气井便能正常生产。因此，即使采用比油藏更稀的井网进行开发，气藏的采收率也可达 85% 至 90% 以上。然而，对于天然水驱气藏，随着气藏开发所引起的地层压降，必然导致水的侵入和气井的见水，结果会在气层中出现气、水两相同时流动的现象。这将严重影响气井的产量和气藏的采收率。国内外统计资料表明水驱气藏的采收率通常只有 40% 至 60%。为了保持气藏的产量和提高气藏的采收率，在水驱气藏的开发过程中，往往需要打一定的加密井，并采取排水采气、抑制水锥等复杂性的技术措施。

近年来，国内外已发现并开发了大量的异常高压气藏，如我国新疆库车凹陷的白垩系气藏等。由于异常高压气藏在开发过程中随着气藏压力的下降，会出现储层岩石的压实作用，导致气井和气藏的产量难以保持。因此，在物质平衡方程式中必须考虑这一特点。

5.2.2.2 气藏物质平衡方程的建立

1. 气藏物质平衡方程通式的推导

在构建统一水动力学系统的气藏物质平衡方程式时，有以下基本假设：①储层物性 (S_{wc}、c_f 等) 和流体物性 (c_w、PVT 参数等) 在气藏范围内具有均质性和各向同性；②气藏内各点的地层压力在任意时刻均达到平衡，压力变化在瞬间达到全气藏的平衡；③气藏在整个开发周期内维持热动力学平衡，地层温度保持恒定 (变化不明显)；④忽略气藏内部的毛细管力和重力效应；⑤气藏各个部位的采出量、注入量均衡，且在瞬间达到平衡；⑥不同时间内流体性质取决于平均压力。

依据上述假设，可以将实际气藏简化为一个封闭型或不封闭型 (具有天然水侵) 的地下储气容器，如图 5 - 10 所示，当压力变化时，其容积为定值，即在开发过程中的任一时刻，气藏中流体的地下体积等于原始条件下气藏流体的地下体积。据此定律建立的方程式被称为物质平衡方程式，即公式 (5 - 47)。

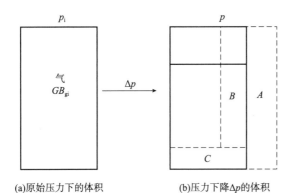

图 5 – 10　气藏物质平衡方式示意图

原始条件下气区域气体体积 = 压力为 p 时气区气的体积(V_A) +

束缚水体积膨胀及孔隙体积减小引起的含气孔隙体积的减少量(V_B) + 边底水入侵(V_C)

$$(5 - 47)$$

1）原始条件下气区气体积

$$原始条件下气区气体积 = GB_{gi} \tag{5 - 48}$$

式中，G 为原始天然气地质储量，$10^4 \mathrm{m}^3$；B_{gi} 为原始天然气地层体积系数，$\mathrm{m}^3/\mathrm{m}^3$。

2）压力为 p 时气区气的体积

压力为 p 时气区气的体积(V_A)等于油区原始天然气体积减去产出天然气的体积。

$$V_A = (G - G_p)B_g \tag{5 - 49}$$

式中，G_p 为压力下降至 p 时的累计产气量，$10^4 \mathrm{m}^3$；B_g 为压力为 p 时天然气的地层体积系数，$\mathrm{m}^3/\mathrm{m}^3$。

3）压力为 p 时束缚水体积膨胀及孔隙体积减小引起的含气孔隙体积的减少量(V_B)

$$V_B = \frac{GB_{gi}}{1 - S_{wc}}c_f \Delta p + \frac{GB_{gi}}{1 - S_{wc}}c_w S_{wc} \Delta p \tag{5 - 50}$$

式中，S_{wc} 为束缚水饱和度；c_f 为岩石的压缩系数，MPa^{-1}；Δp 为压差，MPa；c_w 为水的压缩系数，$\mathrm{m}^3/\mathrm{m}^3$。

4）压力为 p 时边底水入侵(V_C)

$$V_C = (W_e - W_p)B_w \tag{5 - 51}$$

式中，W_e 为累计水侵量，m^3；W_p 为累计产水量，m^3。

将公式（5 – 48）至公式（5 – 51）代入公式（5 – 47）中，有：

$$GB_{gi} = (G - G_p)B_g + \frac{GB_{gi}}{1 - S_{wc}}c_f \Delta p + \frac{GB_{gi}}{1 - S_{wc}}c_w S_{wc} \Delta p + (W_e - W_p)B_w \tag{5 - 52}$$

整理，得：

$$G = \frac{G_p B_g - (W_e - W_p)B_w}{\left[\left(\frac{B_g}{B_{gi}} - 1 \right) + \left(\frac{c_f + c_w S_{wc}}{1 - S_{wc}} \right) \Delta p \right] B_{gi}} \tag{5 - 53}$$

式(5-53)即为气藏的物质平衡方程通式。

2. 气藏物质平衡方程通式的化简

1)定容封闭气藏的物质平衡方程

当气藏不存在边底水的水驱作用时，$W_e=0$，$W_p=0$，根据公式(5-52)可得定容封闭气藏的物质平衡方程：

$$G_p B_g = G(B_g - B_{gi}) + GB_{gi}\frac{c_f + c_w S_{wc}}{1 - S_{wc}}\Delta p \tag{5-54}$$

如果公式(5-54)右端第二项与第一项相比不可忽略时，则为异常高压定容封闭气藏的物质平衡方程。

当第二项与第一项相比很小，可忽略不计时，即可认为开采过程中含气的孔隙体积保持不变，此时可转化为定容封闭气藏的物质平衡方程：

$$G_p B_g = G(B_g - B_{gi}) \tag{5-55}$$

代入 B_g 和 B_{gi} 的定义式，得：

$$G_p \frac{p_{sc}ZT}{pT_{sc}} = G\left(\frac{p_{sc}ZT}{pT_{sc}} - \frac{p_{sc}Z_i T}{p_i T_{sc}}\right) \tag{5-56}$$

整理，得到视地层压力的表达式：

$$\frac{p}{Z} = \frac{p_i}{Z_i}\left(1 - \frac{G_p}{G}\right) \tag{5-57}$$

式中，p/Z 为视地层压力，MPa。

公式(5-57)即为正常压力定容封闭气藏的压降方程式。

在实际工作中，公式(5-54)右端的第二项往往不能忽略，因此在应用压降方程式(5-57)解决实际问题时，应特别注意其适用条件。

2)水驱气藏的物质平衡方程

从前面物质平衡通式的推导条件可知，公式(5-53)是水驱气藏的物质平衡方程式。同样，如果公式(5-53)分母括号内右端第二项与第一项相比不可忽略时，则为异常高压水驱气藏的物质平衡方程。

当第二项与第一项相比很小，可忽略不计时，此时可转化为正常压力水驱气藏的物质平衡方程：

$$G = \frac{G_p B_g - (W_e - W_p)B_w}{B_g - B_{gi}} \tag{5-58}$$

$$G = \frac{G_p - (W_e - W_p)B_w \dfrac{pT_{sc}}{p_{sc}ZT}}{1 - \dfrac{p/Z}{p_i/Z_i}} \tag{5-59}$$

因此，可得正常压力水驱气藏的压降方程式：

$$\frac{p}{Z} = \frac{p_i}{Z_i}\left(\frac{G - G_p}{G - (W_e - W_p)B_w \dfrac{p_i T_{sc}}{p_{sc} Z_i T}}\right) \tag{5-60}$$

5.2.2.3 气藏物质平衡方程的应用

1. 水驱气藏的早期识别

在考量气藏的开发特性时，若气藏具备较高的渗透率，且伴生有边水或底水现象，在生产阶段出现显著的产水现象，且产水量随生产进程呈逐渐上升趋势，则需对此类气藏进行水驱特性的审视。尽管诸多水驱气藏在初期开发阶段可能不产水，或产水量较少，但若能在气井产水之前准确识别出水驱气藏的本质，对于制订最优开发策略具有重要意义。因此，早期识别水驱气藏成为一项关键的任务。

为此，基于气藏的物质平衡原理，提出了视地质储量法，在水驱气藏的开发初期阶段，对其水驱特性进行有效识别。该方法凭借其较高的准确性，已广泛应用于气藏开发的早期评估中，为气藏的合理开发提供了科学依据。

根据气藏的物质平衡通式，即公式(5-52)，整理得：

$$G_p B_g + W_p B_w = G\left[(B_g - B_{gi}) + B_{gi}\left(\frac{c_f + c_w S_{wc}}{1 - S_{wc}}\right)\Delta p\right] + W_e \tag{5-61}$$

公式两边都除以$(B_g - B_{gi}) + B_{gi}\left(\dfrac{c_f + c_w S_{wc}}{1 - S_{wc}}\right)\Delta p$，得：

$$\frac{G_p B_g + W_p B_w}{(B_g - B_{gi}) + B_{gi}\left(\dfrac{c_f + c_w S_{wc}}{1 - S_{wc}}\right)\Delta p} = G + \frac{W_e}{(B_g - B_{gi}) + B_{gi}\left(\dfrac{c_f + c_w S_{wc}}{1 - S_{wc}}\right)\Delta p} \tag{5-62}$$

对于正常压力定容封闭型气藏，由于水侵量$W_e = 0$，则有：

$$\frac{G_p B_g + W_p B_w}{(B_g - B_{gi}) + B_{gi}\left(\dfrac{c_f + c_w S_{wc}}{1 - S_{wc}}\right)\Delta p} = G \tag{5-63}$$

或

$$\frac{G_p B_g + W_p B_w}{(B_g - B_{gi})} = G \tag{5-64}$$

由公式(5-63)和公式(5-64)可以看出，公式的左边等于原始地质储量。而对于水驱气藏，则符合公式(5-62)。

令 $G_\alpha = \dfrac{G_p B_g + W_p B_w}{(B_g - B_{gi}) + B_{gi}\left(\dfrac{c_f + c_w S_{wc}}{1 - S_{wc}}\right)\Delta p}$ 或 $G_\alpha = \dfrac{G_p B_g + W_p B_w}{(B_g - B_{gi})}$，并统称为视地质储量，记为$G_\alpha$。则对于无水侵的气藏，$G_\alpha$与$G_p$之间的关系应该是一条水平直线，如图5-11(a)所示。若有水驱作用，则由于水侵量W_e随着生产的进行不断增加，此时的视地质储量G_α与G_p之间的关系应该是一条曲线，如图5-11(b)、(c)所示。

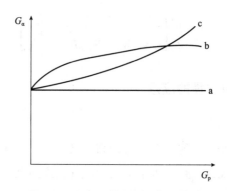

图 5 - 11　气藏物质平衡方式示意图

2. 气藏储量计算

1）定容封闭型气藏的储量计算

根据公式(5 - 57)，整理得：

$$\frac{p}{Z} = \frac{p_i}{Z_i} - \frac{p_i}{Z_i G} G_p \qquad (5-65)$$

因此，定容气藏得视地层压力(p/Z)与累计产气量(G_p)之间呈直线下降关系，如图 5 - 12 所示。当 $p/Z = 0$ 时，$G_p = G$。因此，可以利用定容封闭型气藏压降图的外推法或线性回归分析法确定原始地质储量。

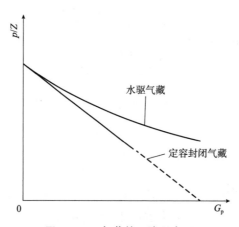

图 5 - 12　气藏的压降示意图

气藏废弃压力 p_{ab} 下的采收率为：

$$R_e = \frac{G_p}{G} = 1 - \frac{(p/Z)_{ab}}{(p/Z)_i} \qquad (5-66)$$

式中，$(p/Z)_{ab}$ 为废弃压力下的视地层压力，MPa；$(p/Z)_i$ 为原始地层压力下的视地层压力，MPa；p_{ab} 可由以下近似公式进行求解：

$$p_{ab} = 0.1 p_i + 0.689 \qquad (5-67)$$

式中，p_{ab} 为气藏废弃压力，MPa；p_i 为原始气藏压力，MPa。

可采储量(G_R)等于原始地质储量乘以采收率,即:

$$G_R = GR_e \tag{5-68}$$

式中,G_R为气藏的可采储量,m^3。

2)水驱气藏的储量计算

根据正常压力水驱气藏的物质平衡方程,即公式(5-58),可得:

$$\frac{G_p B_g + W_p B_w}{B_g - B_{gi}} = G + \frac{W_e}{B_g - B_{gi}} \tag{5-69}$$

若考虑天然水侵为平面径向非稳定流,则 $W_e = B_R \sum_0^t \Delta p Q(t_D, r_D)$,则公式(5-69)可改写为:

$$\frac{G_p B_g + W_p B_w}{B_g - B_{gi}} = G + B_R \frac{\sum_0^t \Delta p Q(t_D, r_D)}{B_g - B_{gi}} \tag{5-70}$$

由此可见,与油藏的物质平衡方程相似,水驱气藏的物质平衡方程同样也可以化简为 $y = G + B_R x$ 形式的直线关系式。直线的截距即为气藏的原始天然气地质储量,直线的斜率即为气藏的天然水侵系数。

3)异常高压气藏的储量计算

根据异常高压气藏的物质平衡方程,即公式(5-52),可得:

$$\frac{p}{Z} = \frac{p_i}{Z_i} \frac{1 - G_p/G}{1 - \left(\frac{c_f + c_w S_{wc}}{1 - S_{wc}}\right)\Delta p - (W_e - W_p) B_w \frac{p_i T_{sc}}{p_{sc} Z_i T}} \tag{5-71}$$

与正常压力系统相比,异常高压气藏需要考虑 $\left(\frac{c_f + c_w S_{wc}}{1 - S_{wc}}\right)\Delta p$(即储气层的压实和岩石颗粒的弹性膨胀作用和地层束缚水的弹性膨胀作用)和 $(W_e - W_p) B_w \frac{p_i T_{sc}}{p_{sc} Z_i T}$(即由于气藏周围泥岩的膨胀和有限边水的弹性膨胀引起的水侵)这两项的影响。但是,对于异常高压油藏,后者的作用很小,相比于前者可以忽略不计。因此,公式(5-71)可简化成:

$$\frac{p}{Z} = \frac{p_i}{Z_i} \frac{1 - G_p/G}{1 - \left(\frac{c_f + c_w S_{wc}}{1 - S_{wc}}\right)\Delta p} \tag{5-72}$$

整理,得:

$$\frac{p}{Z}\left[1 - \left(\frac{c_f + c_w S_{wc}}{1 - S_{wc}}\right)\Delta p\right] = \frac{p_i}{Z_i} - \frac{p_i}{Z_i G} G_p \tag{5-73}$$

因此,$\frac{p}{Z}\left[1 - \left(\frac{c_f + c_w S_{wc}}{1 - S_{wc}}\right)\Delta p\right]$ 与 G_p 之间的关系曲线是一个直线,其截距为 p_i/Z_i,斜率为 $p_i/Z_i G$。将该支线外推至 $p/Z = 0$ 时,与横坐标的交点即为气藏的地质储量 G。

📝 **课堂例题 5 - 5**

某干气气藏的气体组成如下：

组分	摩尔分数
甲烷	0.75
乙烷	0.20
正己烷	0.05

原始地层压力为 28.96MPa，温度为 82.2℃。气藏生产了一段时间，在不同的时间内测量了两个压力时的有关数据。具体数据如下：

(p/Z)/MPa	G_p/$10^6\,m^3$
31.72	0
25.51	28.3
19.31	56.6

求解：

(1) 求当平均地层压力下降到 13.79MPa 时的累计产气量。

(2) 假设储层的孔隙度为 12%，含水饱和度为 0.30，储层厚度为 4.6m，求储层面积。

解(部分数据如下表所示)：

组分	摩尔分数	p_c/MPa	T_c/K	yp_c/MPa	yT_c/K
甲烷	0.75	4.64	190.7	3.48	143
乙烷	0.20	4.89	280.4	0.98	61.1
正己烷	0.05	3.03	507.9	0.15	25.4
总计				4.61	229.5

(1) 求压力为 13.79MPa 时的 G_p，先求出 Z 和 p/Z，使用准临界性质。

$$p_r = \frac{13.79}{4.61} = 2.99$$

$$T_r = \frac{355.5}{229.5} = 1.55$$

$$p/Z = \frac{13.79}{0.8} = 17.24$$

将例图 5 - 3 中的数据曲线图进行线性回归，得到如下直线方程：

$$p/Z = -0.2193G_p + 31.718$$

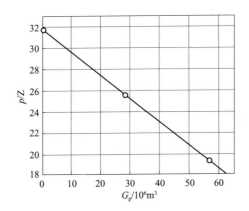

例图 5-3 例题 5-2 中的 $p/Z \sim G_p$ 图

将 $p/Z = 17.24$ 代入以上公式中，得

$$17.24 = -0.2193G_p + 31.718$$

$$G_p = 66 \times 10^6 \text{m}^3$$

(2)将 $p/Z = 0$ 代入直线方程，如果所有的原始天然气地质产量都被产出时可求得产气量。即此 $p/Z = 0$ 时的产气量 G_p 与原始天然气地质产量相等。

$$0 = -0.2193G_p + 31.718$$

$$G_p(p/Z = 0) = G = 1.44 \times 10^8 \text{m}^3$$

由 $V_i = GB_{gi}$ 和 $B_{gi} = \dfrac{p_{sc}Z_iT}{p_iT_{sc}}$，得

$$V_i = GB_i = 1.44 \times 10^8 \times \frac{4.61 \times 355.5}{31.72 \times 229.5} = 3.24 \times 10^7 \text{m}^3$$

又

$$V_i = Ah\phi(1 - S_{wi})$$

$$A = \frac{3.24 \times 10^7}{4.6 \times 0.12 \times (1 - 0.3)} = 8.39 \times 10^7 \text{m}^2$$

5.3 水驱特征曲线分析方法

在水驱油田的开发过程中，无论采取人工注水还是依赖天然水驱力进行采油，油田在经历了无水采油阶段之后，将不可避免地进入含水生产阶段，且含水率将随着时间的推移而不断增加，这一现象最终可能对油田的稳定生产造成不利影响。因此，针对水驱油田，运用水驱特征曲线方法(water drive curves method)来解析油田含水率的增长规律，研究影响含水率上升的地质因素，并据此制订出有效的策略以控制含水率的增长，是水驱油田开发中一项持续且至关重要的任务。

5.3.1 水驱特征曲线的类型

5.3.1.1 甲型水驱特征曲线

1959 年，苏联学者 Максимов(马克西莫夫)提出了累计产水量与累计产油量的半对数直线关系。该直线关系为：

$$\lg(W_\mathrm{p} + C) = a_1 + b_1 N_\mathrm{p} \tag{5-74}$$

式中，W_p 为累计产水量，$10^4 \mathrm{m}^3$；N_p 为累计产油量，$10^4 \mathrm{m}^3$；a_1 和 b_1 分别为甲型水驱曲线的截距和斜率，其表达式分别为：

$$a_1 = \lg D + \frac{cS_\mathrm{wc}}{2.303} \tag{5-75}$$

$$b_1 = \frac{cS_\mathrm{oi}}{2.303 N} \tag{5-76}$$

$$D = \frac{N}{1 - S_\mathrm{wc}} \times \frac{\mu_\mathrm{o}}{\mu_\mathrm{w}} \frac{B_\mathrm{o} \gamma_\mathrm{w}}{B_\mathrm{w} \gamma_\mathrm{o}} \frac{1}{dc} \tag{5-77}$$

$$C = D \mathrm{e}^{cS_\mathrm{wc}} \tag{5-78}$$

式中，c 和 d 分别为油水相对渗透率比和出口端含水饱和度之间关系式中的常数($K_\mathrm{ro}/K_\mathrm{rw} = d\mathrm{e}^{-cs_\mathrm{w}}$，该公式假设油水相对渗透率比与出口端含水饱和度为半对数直线关系，即该方程适用于中期含水阶段)。

1985 年，我国童宪章先生将其命名为甲型水驱曲线。该曲线在国内外得到了广泛的应用。它既可以预测经济极限含水率条件下的可采储量，还能对水驱油田的地质储量作出评价，具体介绍将在第 5.3.2 节中进行详细介绍。

5.3.1.2 乙型水驱特征曲线

将公式(5-74)的两端对累计产油量 N_p 求导，得：

$$\frac{1}{2.303} \frac{1}{(W_\mathrm{p} + C)} \frac{\mathrm{d}W_\mathrm{p}}{\mathrm{d}t} = b_1 \times \frac{\mathrm{d}N_\mathrm{p}}{\mathrm{d}t} \tag{5-79}$$

式中，$\mathrm{d}W_\mathrm{p}/\mathrm{d}N_\mathrm{p}$ 为同一时间段 $\mathrm{d}t$ 内产水量与产油量得重量或体积之比，即水油比，可用符号表示。则公式(5-79)可写成：

$$WOR = 2.303 b_1 (W_\mathrm{p} + C) \tag{5-80}$$

则有：

$$W_\mathrm{p} + C = \frac{WOR}{2.303 b_1} \tag{5-81}$$

将公式(5-81)代入公式(5-79)中，得：

$$\lg \frac{WOR}{2.303 b_1} = a_1 + b_1 N_\mathrm{p} \tag{5-82}$$

整理，得：

$$\lg WOR = a_1 + \lg(2.303b_1) + b_1 N_p \tag{5-83}$$

继续整理成类似于甲型水驱曲线的形式，得：

$$\lg WOR = a_2 + b_2 N_p \tag{5-84}$$

式中，$a_2 = a_1 + \lg(2.303b_1)$，$b_2 = b_1$。

5.3.2　水驱特征曲线的应用

5.3.2.1　预测可采储量与采收率

利用水驱特征曲线标定水驱油田采收率和可采储量是一种重要的常用方法。预测可采储量和采收率，首先需要确定油田的经济极限含水率（或极限水油比）。现在我国通常所取的极限含水率为98%或极限水油比为49。

根据公式（5-84），有：

$$\lg WOR = \lg \frac{f_w}{1-f_w} = a_2 + b_2 N_p \tag{5-85}$$

整理得：

$$N_p = \frac{1}{b_2}\left(\lg \frac{f_w}{1-f_w} - a_2\right) \tag{5-86}$$

将经济极限含水率98%代入公式（5-86）中，得到可采储量 N_r：

$$N_r = \frac{1.6902 - a_1 - \lg 2.303 b_1}{b_1} \tag{5-87}$$

值得注意的是，在实际应用中，将经济极限含水率定为98%时，预测结果会明显偏高。这是因为甲型和乙型的适用条件为中期含水阶段。

可采储量 N_r 与地质储量 N 之间的比值即为目前开采条件下油田最终采收率：

$$R_e = \frac{N_r}{N} \times 100\% \tag{5-88}$$

5.3.2.2　预测油田未来动态

1. 含水率与采出程度之间的关系

将根据公式（5-88）代入公式（5-85）中，得：

$$\lg \frac{f_w}{1-f_w} = a_2 + b_2 N \cdot R \tag{5-89}$$

$$f_w = \frac{1}{1 + \dfrac{1}{2.303b_1 \times 10^{(a_1 + b_1 NR)}}} \tag{5-90}$$

根据上式可以预测出不同采出程度对应的含水率。图5-13给出了不同特征参数

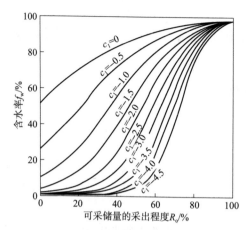

图 5 - 13　含水率与采出程度之间的关系图

$(c_1 = a_1 + \lg 2.303 b_1)$ 时极限含水率与采出程度之间的关系图。

2. 含水上升率与含水率之间的变化规律

所谓含水上升率就是指含水率上升的百分率，即含水率对采出程度的导数。因此，根据公式 (5 - 89)，得：

$$\lg f_w - \lg (1 - f_w) = a_2 + b_2 N \cdot R \qquad (5-91)$$

在方程的两边对采出程度 R 求导，得：

$$\left(\frac{1}{f_w} + \frac{1}{1 - f_w} \right) \frac{\mathrm{d} f_w}{\mathrm{d} R} = 2.303 b_2 N \qquad (5-92)$$

$$\frac{\mathrm{d} f_w}{\mathrm{d} R} = 2.303 b_1 N \cdot f_w \cdot (1 - f_w) \qquad (5-93)$$

由此可以看出，当含水率等于 50% 时，含水上升率取最大值。当含水率小于 50% 时，含水上升率随着含水率增加而增加；而当含水率大于 50% 时，含水上升率随着含水率增加而减小。

3. 累计产水量与含水率之间的关系

根据公式 (5 - 74) 和公式 (5 - 84)，可得：

$$W_p = \frac{f_w}{2.303 b_1 (1 - f_w)} \qquad (5-94)$$

根据上式，可以求出不同含水率时的累计产水量。

5.3.2.3　计算动态地质储量

根据国内外大量的水驱油藏资料统计分析，得到以下经验公式：

$$N' = 7.5422 b_1^{-0.969} \qquad (5-95)$$

式中，N' 为水驱有效地质储量，也称为动态地质储量，$10^4 \mathrm{m}^3$；b_1 为甲型水驱特征曲线中的曲线斜率。

5.3.3　水驱特征曲线的适应性

在刚性水驱油田中，累计产水量的对数与累计产油量之间通常展现出良好的直线关系，这一现象具有普遍性。然而，在某些油田中，由于油藏的饱和压力较高、注水启动较晚，或存在边水影响，油井见水之前或见水后的一段较长时期内，溶解气驱效应仍然显著。在这种复合驱动模式下，累计产水量的对数与累计产油量的关系曲线，即水驱特征曲线，并非一条直线，而是一条增速逐渐减缓的曲线。

图 5 - 14 为某边水 - 溶解气驱油田产量变化曲线。这时不能直接采用累计产水量作为纵坐标，需要先确定一个校正系数 C，然后以 $\lg (W_p + C)$ 作为纵坐标，以 N_p 作为横坐标

进行作图，从而得到的水驱规律曲线将是一条较理想的直线。

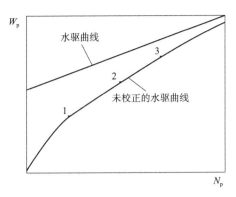

图 5 – 14　某边水 – 溶解气驱油田产量变化曲线

确定校正参数 C 值的方法如下，先在未经校正的水驱曲线上取 1、2、3 三点，让其横坐标之间有如下关系：

$$N_{P_2} = \frac{1}{2}(N_{P_1} + N_{P_3}) \qquad (5-96)$$

得到相应得到三个点的纵坐标为 W_{P_1}、W_{P_2}、和 W_{P_3}。根据 $(5-96)$，有：

$$\lg(W_{P_2} + C) = \frac{1}{2}[\lg(W_{P_1} + C) + \lg(W_{P_3} + C)] \qquad (5-97)$$

$$C = -\frac{W_{P_1} \times W_{P_3} - W_{P_2}^2}{W_{P_1} + W_{P_3} - 2W_{P_2}} \qquad (5-98)$$

当油藏饱和压力较高、注水启动晚且存在溶解气驱效应时，水驱规律的应用需经过校正。通常，这种校正方法适用于处理早期生产数据。

📘 课堂例题 5 – 6

大庆油田 511 井组小井距注水开发实验区，511 井控制含油面积 $A = 7934\text{m}^3$，$h_e = 10.17\text{m}$，$\phi = 0.26$，$S_{oi} = 0.837$，$S_{wc} = 0.163$，$\mu_o = 0.7\text{mPa} \cdot \text{s}$，$B_{oi} = 1.122$，$B_w = 1.0$，$\gamma_o = 0.86$，$\gamma_w = 1.0$。其他的生产数据如下：

序号	N_p	F_w	WOR	W_p	W_{p+c}
1	1766. 2	10	0. 111	35. 2	135. 2
2	2601. 7	20	0. 25	161. 2	261. 2
3	2974. 9	30	0. 428	312. 5	412. 5
4	3187. 8	40	0. 666	422. 6	522. 6
5	3519. 1	50	1. 0	696. 5	796. 5
6	3726. 2	60	1. 501	973. 5	1073. 5
7	4030. 2	70	2. 333	1569. 6	1669. 6

No.	N_p	F_w	WOR	W_p	W_{p+c}
8	4702.5	80	4.00	3832	3932.0
9	5452.5	90	9.00	8737	8837
10	6481.2	100	32.30	26503	26603

求：地质储量，画出水驱曲线，预测水驱的最终采收率。

解：

$$N = Ah_e\phi S_{oi}\gamma_o/B_{oi} = 7934 \times 10.17 \times 0.26 \times 0.837 \times 0.86/1.22 = 12543(\text{t})$$

作出基本水驱曲线（例图 5 - 4）：

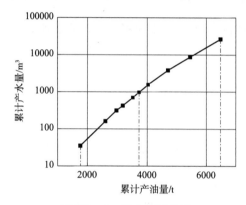

例图 5 - 4　基本水驱曲线

$$C = \frac{W_{P_1} \times W_{P_3} - W_{P_2}^2}{W_{P_1} + W_{P_3} - 2W_{P_2}}$$

曲线的校正，选取三点，计算出 C 值的大小，$C = 100$。

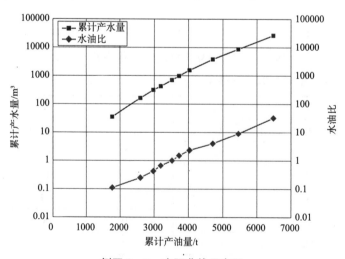

例图 5 - 5　水驱曲线示意图

甲型水驱曲线为： $\lg(W_p + C) = 1.215 + 5.25 \times 10^{-4} N_p$

乙型水驱曲线为： $\log(WOR) = -1.824 + 5.33 \times 10^{-4} N_p$

由甲型水驱曲线

$$N_{p_{max}} = \frac{\lg\dfrac{WOR_{max}}{2.303 \times B} - A}{B} = \frac{\lg\dfrac{32.3}{2.303 \times 5.25 \times 10^{-4}} - 1.215}{5.25 \times 10^{-4}} = 6110t$$

$$\eta = 48.7\%$$

由乙型水驱曲线

$$N_{p_{max}} = \frac{\lg WOR_{max} - A}{B} = \frac{\lg 32.3 + 1.824}{5.25 \times 10^{-4}} = 6254t$$

$$\eta = 49.8\%$$

5.4 产量递减规律分析方法

水驱油田的开发过程主要可以划分为三个阶段，即产量上升阶段、高产稳产阶段和产量递减阶段，如图 5 – 15 所示。产量递减规律分析方法（production decline method）是当油气田的开发进入递减阶段后，评价油气田可采储量和剩余可采储量以及预测油气田未来产量重要方法。

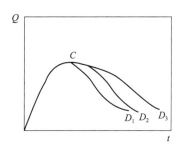

图 5 –15 油田产量与生产时间关系图

1945 年，Arps 通过对油井产量递减数据的实证统计与分析研究，提出了产量递减率的概念，并构建了指数递减、双曲递减和调和递减三种典型的产量递减模式。这些模式因其适用性和普遍性，在油藏工程领域得到了广泛应用，并至今仍被广泛采用。

5.4.1 产量递减规律

5.4.1.1 递减率的定义

油田经过稳产期后，产量将以某种规律递减，产量的递减速度通常用递减率表示。递减率（decline rate）是指单位时间的产量变化率，或单位时间内产量递减的百分数。其定义式为：

$$D = -\frac{1}{Q}\frac{\mathrm{d}Q}{\mathrm{d}t} = kQ^n \qquad (5-99)$$

式中，D 为瞬时递减率，a^{-1} 或 mon^{-1}；Q 为对应时间 t 的产量，m^3/a 或 $\mathrm{m}^3/\mathrm{mon}$；$t$ 为开发时间，a 或 mon；k 为比例系数；n 为递减指数。

在刚开始递减时，$t=0$，则有：

$$D_0 = kQ_0^n \qquad (5-100)$$

式中，D_0 为初始递减率，a^{-1} 或 mon^{-1}；Q_0 为递减初期产量，m^3/a 或 $\mathrm{m}^3/\mathrm{mon}$。

5.4.1.2　Arps 的三种递减类型

通过对大量油气田和油气井实际生产动态数据的统计分析与研究，Arps 总结出产量递减的三种类型的递减规律。

（1）当递减指数 $n=0$ 时，递减规律服从指数递减（exponential decline）。

（2）当 $0<n<1$ 时，递减规律服从双曲递减（hyperbolic decline）。

（3）当 $n=1$ 时，递减规律服从调和递减（harmonic decline）。

5.4.2　产量递减分析

不同的递减类型主要取决于初始递减率（D_0）和递减指数（n），其中主要的是递减指数，递减指数越大，递减的速度越慢。初始递减率越大，产量的递减速度越快。下面分别介绍 Arps 三种递减类型的递减规律。

5.4.2.1　指数递减分析

1. 递减率变化关系

对于指数递减，$n=0$，根据公式（5-99）和公式（5-100），得：

$$D = -\frac{1}{Q}\frac{\mathrm{d}Q}{\mathrm{d}t} = kQ^n = k = D = D_0 \qquad (5-101)$$

由于指数递减的递减率为一常数，所以其递减速度很快，该递减方式适用于封闭弹性驱替以及产量递减的初期。

2. 产量随时间的变化关系

根据公式（5-101），有：

$$-D_0\mathrm{d}t = \frac{1}{Q}\mathrm{d}Q \qquad (5-102)$$

等式两边积分，得：

$$\int_0^t -D_0\mathrm{d}t = \int_{Q_0}^Q \frac{1}{Q}\mathrm{d}Q \qquad (5-103)$$

$$\ln Q_t = \ln Q_0 - D_0 t \tag{5-104}$$

$$Q_t = Q_0 e^{-D_0 t} \tag{5-105}$$

由公式(5-105)，可得：

$$\lg Q_t = \lg Q_0 - \frac{D_0 t}{2.303} \tag{5-106}$$

即 $\lg Q_t$ 与 t 呈线性关系，或 Q_t 与 t 呈半对数线性关系。公式(5-106)为指数递减的判别曲线。

3. 累计产量随时间的变化关系

对公式(5-105)进行积分，得：

$$\int_0^t Q_t \mathrm{d}t = \int_0^t Q_0 e^{-D_0 t} \mathrm{d}t \tag{5-107}$$

$$N_\mathrm{p} = \frac{Q_0}{D_0} (1 - e^{-D_0 t}) \tag{5-108}$$

4. 累计产量与产量之间的变化关系

将公式(5-105)代入公式(5-108)中，得：

$$N_\mathrm{p} = \frac{1}{D_0} (Q_0 - Q_0 e^{-D_0 t}) = \frac{1}{D_0} (Q_0 - Q_t) \tag{5-109}$$

$$Q_t = Q_0 - N_\mathrm{p} D_0 \tag{5-110}$$

即累计产量 N_p 与产量 Q 呈线性关系。公式(5-110)为指数递减的判别曲线。

5. 最大累计产量

在公式(5-109)中，取 $Q_t = 0$，得：

$$N_{\mathrm{p}_{\max}} = \frac{Q_0}{D_0} \tag{5-111}$$

5.4.2.2 双曲递减分析

1. 产量随时间的变化关系

对于双曲递减，$0 < n < 1$，根据公式(5-99)，得：

$$-\int_{Q_0}^{Q_t} Q^{-(n+1)} \mathrm{d}Q = k \int_0^t \mathrm{d}t \tag{5-112}$$

$$\frac{1}{n} Q^{-n} \Big|_{Q_0}^{Q_t} = kt \tag{5-113}$$

$$\frac{1}{n} \left[\left(\frac{Q_0}{Q_t} \right)^n - 1 \right] = k Q_0^n t = D_0 t \tag{5-114}$$

$$Q_t = Q_0 (1 + n D_0 t)^{-\frac{1}{n}} \tag{5-115}$$

2. 累计产量随时间的变化关系

对公式(5-115)进行积分，得：

$$\int_{Q_0}^{Q_t} Q_t \mathrm{d}t = \int_0^t Q_0 \ (1 + nD_0 t)^{-\frac{1}{n}} \mathrm{d}t \tag{5-116}$$

$$N_\mathrm{p} = \frac{Q_0}{(n-1)D_0} [\ (1 + nD_0 t)^{\frac{n-1}{n}} - 1 \ ] \tag{5-117}$$

3. 累计产量与产量之间的变化关系

将公式(5-115)代入公式(5-117)中，得：

$$N_\mathrm{p} = \frac{Q_0^n}{(1-n)D_0} (Q_0^{1-n} - Q_t^{1-n}) \tag{5-118}$$

4. 最大累计产量

在公式(5-118)中，取 $Q_t = 0$，得：

$$N_{\mathrm{p}_{max}} = \frac{Q_0}{(1-n)D_0} \tag{5-119}$$

5. 递减率变化关系

根据公式(5-115)和公式(5-100)，得：

$$D = \frac{D_0}{(1 + nD_0 t)} \tag{5-120}$$

5.4.2.3　调和递减分析

1. 产量随时间的变化关系

对于调和递减，$n = 1$，根据公式(5-99)，得：

$$D = -\frac{1}{Q} \frac{\mathrm{d}Q}{\mathrm{d}t} = kQ \tag{5-121}$$

$$\frac{D}{D_0} = \frac{Q}{Q_0} \tag{5-122}$$

$$\frac{D_0}{Q_0} = -\frac{\mathrm{d}Q}{Q^2 \mathrm{d}t} \tag{5-123}$$

$$\int_0^t \frac{D_0}{Q_0} \mathrm{d}t = -\int_{Q_0}^Q \frac{\mathrm{d}Q}{Q^2} \tag{5-124}$$

$$Q_t = \frac{Q_0}{(1 + D_0 t)} \tag{5-125}$$

调和递减的递减的速度较小，适合于产量递减的晚期。

2. 累计产量随时间的变化关系

对公式(5-125)进行积分，得：

$$\int_{Q_0}^{Q_t} Q_t \mathrm{d}t = \int_0^t \frac{Q_0}{(1 + D_0 t)} \mathrm{d}t \tag{5-126}$$

$$N_{\mathrm{p}} = \frac{Q_0}{D_0}\ln(1 + D_0 t) \tag{5-127}$$

3. 累计产量与产量之间的变化关系

将公式(5-125)代入公式(5-127)中,得:

$$N_{\mathrm{p}} = \frac{Q_0}{D_0}\ln\left(\frac{Q_0}{Q_t}\right) \tag{5-128}$$

整理,得:

$$\lg Q = \lg Q_0 - \frac{D_0}{2.303Q_0}N_{\mathrm{p}} \tag{5-129}$$

即 $\lg Q_t$ 与 N_{p} 呈线性关系,或 Q_t 与 N_{p} 呈半对数线性关系。公式(5-128)为调和递减的判别曲线。

4. 最大累计产量

在公式(5-127)中,取 $Q_t = 1$,得:

$$N_{\mathrm{p_{max}}} = \frac{Q_0}{D_0}\ln Q_0 \tag{5-130}$$

5. 递减率变化关系

根据公式(5-125)和公式(5-122),得:

$$D = \frac{D_0}{(1 + D_0 t)} \tag{5-131}$$

5.4.3 递减类型的判断方法

在油气田或油气井步入产量递减阶段之际,为确保对未来的产量预测具有指导意义,必须依据已积累的实际生产数据,运用各种方法来判定其产量递减的具体类型,并确定相应的递减参数(如初始递减率 D_0 和递减指数 n)。在此基础上,构建经验公式,为产量预测提供依据。

目前,用于判断产量递减类型的常用方法包括图解法、试凑法、曲线位移法、典型曲线拟合法以及二元线性回归法等。这些方法的共同特点是均基于线性关系的前提下进行。线性关系的存在与否以及相关系数的大小,是判断产量递减类型的重要依据。

1. 图解法

图解法是一种通过绘制实际生产数据在半对数坐标系或直角坐标系中的曲线,来判断油气井产量递减类型的方法。在该方法中,产量 Q 与生产时间 t 或产量 Q 与累计产量 N_{p} 之间的关系被描绘出来,以观察其是否呈现线性趋势。若曲线与坐标系中的直线吻合,则表明产量递减符合指数递减或调和递减类型。

1) 指数递减

满足下列条件之一,则可判断为指数递减:实际资料在 $\lg Q \sim t$ 坐标中成较好的线性关系；实际资料在 $Q \sim N_p$ 坐标中成较好的线性关系。

2）调和递减

如果实际资料在 $\lg Q \sim N_p$ 坐标中成较的线性关系，则属于调和递减。

反之，若曲线不呈直线形态，则可判定其属于其他类型的递减。

在应用图解法进行判断时，应遵循从简单到复杂递减类型的顺序。首先考虑是否为指数递减类型，如果不是，则进一步考虑是否为调和递减类型。若两者都不符合，则通常可判定油气井的产量递减为双曲线递减类型。

2. 试凑法

根据公式(5-115)，得：

$$\left(\frac{Q_0}{Q}\right)^n = 1 + nD_0 t \tag{5-132}$$

取不同的 n 值，求出 $(Q_0/Q)^n$，将此数据与相应的值在直角坐标系上作图，如图5-16所示。当 n 取值适当时，为一直线，根据直线的斜率可求出初始递减率 D_0；如果 n 取值偏大，则成一条向上弯曲的曲线；如果 n 取值偏小，则成一条向下弯曲的曲线。

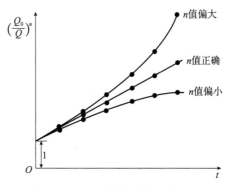

图5-16 试凑法求解示意图

3. 曲线位移法

所谓曲线位移法，就是将画在双对数坐标系上成曲线的产量和时间的关系曲线，向右位移某一合适距离，使其成为一条直线的方法。其原理推导如下：

对公式(5-132)两边取对数，得：

$$\lg Q = \lg Q_0 - \frac{1}{n}\lg(1 + nD_0 t) \tag{5-133}$$

令 $n = \frac{1}{D_0 C}$，C 为常数，则公式(5-133)变为：

$$\lg Q = \lg Q_0 + D_0 C \lg C - D_0 C \lg(C + t) \tag{5-134}$$

取某一合适的 C 值，可以使 Q 和 $C+t$ 在双对数坐标上成一直线，如图5-17所示。当 C 偏大时，得到一条向右下弯曲的曲线；当 C 偏小时，得到一条向上弯曲的曲线，根据合适的直线方程，可求出 D_0、Q_0 和 n。

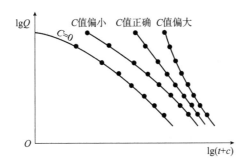

图 5-17 曲线位移法求解示意图

4. 典型曲线拟合法

在双对数坐标纸上作出不同 n 值下的 Q_0/Q 和 D_0t 的典型曲线图(图5-18)拟合时,可以在透明纸上作出与典型曲线同比例尺的实际曲线并与之对比,从而确定出合适的递减指标。

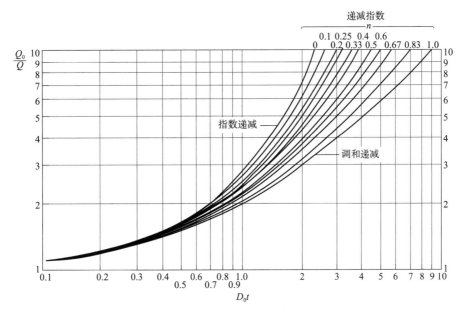

图 5-18 典型曲线拟合法求解示意图

📝 **课堂例题 5-7**

某油田开发试验区,在累计产出原油 $N_{p_1}=118.4\times10^4$ t 后,开始进入递减阶段,实际开发数据如表所示。

时间/a	0	1	2	3	4	5	6
产油量/(10^4t·a^{-1})	1.5937	1.3866	1.1820	1.0329	0.8879	0.7472	0.6677
累计产油/10^4t	0	1.3866	2.5686	3.6015	4.4894	5.2366	5.9043

求:(1)确定产量递减形式;(2)预测第8、9年末的产量。

解:

(1)代入表格中数据,作出递减期间累计产油量与产油量关系曲线(例图5-6):

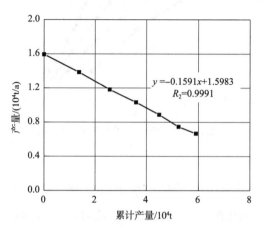

例图5-6　递减期间累计产油量与产油量关系

做出递减期间累计产油量与递减期间瞬时产油量的关系,发现存在线性关系,判断为指数递减形式。递减规律为:$Q(t) = Q_0 - D_0 N_p = 1.5983 - 0.1591 N_p$,对应的产量变化公式为:$Q(t) = Q_0 \times e^{-D_0 t} = 1.5983 \times e^{-0.1591t}$。

(2)代入不同的递减时间,预测第8年末的产量:

$$Q(8) = 1.5983 \times e^{-0.1591 \times 8} = 0.4476$$

预测第9年末的产量:

$$Q(9) = 1.5983 \times e^{-0.1591 \times 9} = 0.3818$$

故第8、9年末的产量分别为0.4476万吨/年、0.3818万吨/年。

5.4.4　产量递减规律的应用

5.4.4.1　预测未来产量与开发年限

在特定油气田或油气井步入产量递减阶段,并已具备一定递减历史的情况下,可通过前述递减类型的判断方法,确立递减期间产量与时间之间的函数关系,如表5-1所示。据此,可实现以下两点预测:一是依据产量 Q_t 与时间 t 的关联,对未来的产量进行预测;二是设定未来的某一产量目标 Q_t,据此推算出相应的开发周期 T。

表5-1　三种递减规律的产量与时间关系方程

递减类型	指数递减	双曲递减	调和递减
预测产量公式	$Q_t = Q_0 e^{-D_0 t}$	$Q_t = Q_0 (1 + n D_0 t)^{-\frac{1}{n}}$	$Q_t = \dfrac{Q_0}{(1 + D_0 t)}$

递减类型	指数递减	双曲递减	调和递减
预测开发年限公式	$T = \dfrac{1}{D_0} \ln \dfrac{Q_0}{Q_t}$	$T = \dfrac{1}{nD_0} \left[\left(\dfrac{Q_0}{Q_t} \right)^n - 1 \right]$	$T = \dfrac{1}{D_0} \left(\dfrac{Q_0}{Q_t} - 1 \right)$

5.4.4.2 预测可采储量与采收率

首先，确立累计产油量与产量之间的数学关系。设 N_{pt} 代表油田自开发起始时刻至递减期某一时刻 t 的总累计产油量，N_{p0} 代表油田自开发起始时刻至递减期人为设定时间为 $t = 0$ 时刻的总累计产油量。因此，递减期从人为设定的 $t = 0$ 时刻开始的累计产油量 N_p 可表示为 $N_p = N_{pt} - N_{p0}$。基于此，可以分别依据公式（5 – 109）、公式（5 – 118）和公式（5 – 128）推导出以下三个方程式。

（1）指数递减

$$N_p = N_{pt} - N_{p0} = \frac{Q_0 - Q_t}{D_0} \tag{5 – 135}$$

（2）双曲递减

$$N_p = N_{pt} - N_{p0} = \frac{Q_0^n}{(1 - n) D_0} (Q_0^{1-n} - Q_t^{1-n}) \tag{5 – 136}$$

（3）调和递减

$$N_p = N_{pt} - N_{p0} = \frac{Q_0}{D_0} \ln(1 + D_0 t) \tag{5 – 137}$$

预测方法涉及两个关键步骤：首先，确定递减期间的经济极限最小产量 Q_{0min}；其次，将 Q_{0min} 代入相应方程中，计算得出经济极限对应的累计产油量 N_{pt}，即可采储量 N_r。采收率 R 则定义为可采储量 N_r 与地质储量 N 的比值。

5.4.4.3 评价增产措施和开发调整效果

在产量递减阶段，为了提高产量，可能需要采取一系列增产措施，如压裂、酸化、调剖堵水、补孔等，或对开发策略进行调整，如层系调整、井网加密等。通过产量递减分析方法，可以对这些增产措施或开发调整的效果进行评估。

（1）情况 1：在实施增产措施后（如压裂、补孔），油气井的产量可能会有所增加，而递减率保持不变，如图 5 – 19（a）所示。这种情况下，油气井的可采储量会增加，因为达到相同经济极限产量所需的开采时间延长了，且在相同开采时间点对应的产量也高于措施前的。这种增产效果的实现可能是由于可流动的供油体积或面积增大，流动阻力也可能降低。

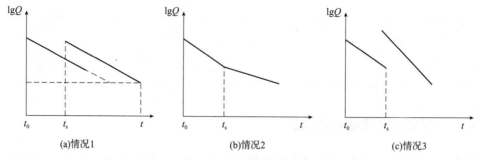

图 5 - 19　措施前后产量变化示意图

(2)情况 2：措施前后油气井的产量变化不大，但递减率减小，如图 5 - 19(b)所示，可采储量仍然会增加。这种情况下，可流动的供油体积或面积增大，但流动阻力变化不大。

(3)情况 3：在采取增产措施后(如酸化)，可能在局部地区减小了流动阻力，导致产量增加，但递减率也增加，如图 5 - 19(c)所示，可采储量保持不变。尽管如此，达到相同经济极限产量所需的开采时间缩短了，这有助于降低管理成本，提高经济效益。

实践与思考

1. 油田产量递减特征调研

(1)调研目的：深入研究油田产量递减的特征和规律。

(2)调研对象：选择国内外具有代表性的油田，如大庆油田、胜利油田、新疆油田、长庆油田等。

(3)调研内容：主要包括产量递减的类型、原因、影响因素，以及预测和应对方法等方面。

(4)调研安排：查阅文献(3 天)、资料分析(2 天)、撰写报告(2 天)。

(5)调研报告：详细阐述调研结果，并提出相关建议和改进措施。

2. 课后思考题

(1)物质平衡方法的优点和局限性。

(2)给出溶解气驱 - 弱边水驱动的条件，并从综合驱动方程化简出该混合驱动的物质平衡方程。

(3)写出封闭弹性驱油藏的物质平衡方程计算表达式，并注明式中所有字母代表的含义。

(4)写出容积法估算地质储量的计算公式，并简述与物质平衡分析方法计算地质储量的主要区别。

(5)简述油藏物质平衡的原理以及其在油藏动态分析中的应用方面(回答3点即可)。

(6)对下列未饱和封闭油藏，该油藏无水侵，无气顶，相关数据如下。

油藏原始地层压力 $p_i = 15\mathrm{MPa}$，$B_{oi} = 1.23\mathrm{m^3/m^3}$

油藏泡点压力 $p_b = 7\mathrm{MPa}$，$B_o = 1.25\mathrm{m^3/m^3}$

水的压缩系数 $c_w = 3.0 \times 10^{-4}\mathrm{MPa^{-1}}$

岩石压缩系数 $c_f = 5.0 \times 10^{-4}\mathrm{MPa^{-1}}$

束缚水饱和度 $S_{wc} = 0.2$

①根据下面物质平衡方程通式，写出适用于上述油藏的简化物质平衡方程。

$$N_p B_o + N_p (R_p - R_s) B_g + [W_p - (W_e + W_i)] B_w =$$

$$N[B_o - B_{oi} + (R_{si} - R_s) B_g] + mN B_{oi} \frac{B_g - B_{gi}}{B_{gi}} + N B_{oi} \frac{(1 + m)}{1 - S_{wc}} (C_f + C_w S_{wc}) \Delta P$$

②试确定油藏压力下降到泡点压力时的采收率。

(7)根据题图5-1，完成以下问题。

①从初始状态分析油藏类型和条件。

②基于驱动指数曲线，分析在 AB 开发阶段，不同驱动能量的作用和变化。

③写出该油藏物质平衡方程通式。

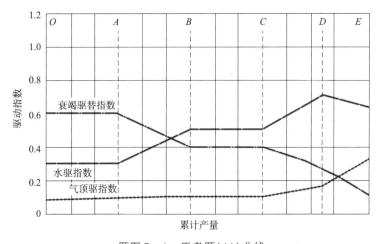

题图5-1 思考题(11)曲线

(8)水侵量计算的四种形式、及其计算表达式。

(9)已知某甲型水驱方程 $a(\lg W_p - \lg b) = N_p$，①说明 a 的物理意义，②推导出相应的乙型水驱曲线，③利用水驱曲线可以评价开发调整与措施效果，试指出下题图5-2中3种油藏开发调整措施的效果(有效、无效和变差)。

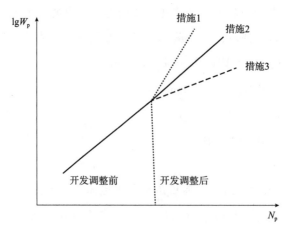

题图 5 -2　甲型水驱曲线

(10) 已知甲型水驱特征曲线表达式 $N_p = a(\lg W_p - \lg b)$，①绘制水驱特征曲线示意图，②推导水油比与累计产油量关系式，③如果 $a = 2.3$，$b = 0.1$，计算含水率从 50% 增加到 91% 时，增加的累计产油量。

(11) 已知某水驱油藏的原始原油地质储量为 $737 \times 10^4 \text{m}^3$，生产数据如题图 5 - 3 所示，试计算含水率从 60% 增加到 98% 时增加的累计产油量 (单位：10^4m^3) 和采收率增幅 (单位:%)。

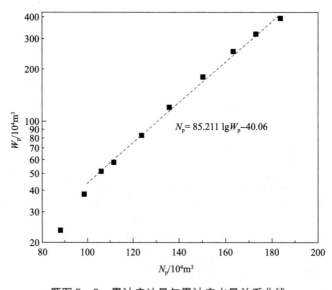

题图 5 -3　累计产油量与累计产水量关系曲线

(12) 某井产量开始以某种形式递减，初始产量为 37.2t/d，递减周期为 2.3 年，求 1 年后该井可能达到的最大产量。

(13) 完成以下 2 个问题。

①Arps 产量递减类型的确定方法有数种，请简要介绍题图 5 - 4 所示的递减类型判断

方法。

②某油田的地质储量为 $N = 200 \times 10^4 \mathrm{t}$，当累计产油量达到 $0.25N$ 之后，油田开始递减，已知初始产量为 $100\mathrm{t/d}$，递减率为 $0.1/\mathrm{a}$，求 7 年后该井可能达到的最大产量和采收率。

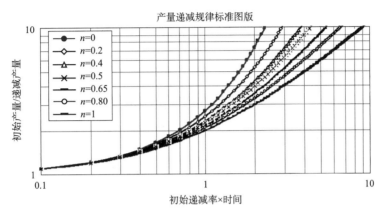

题图 5 - 4　产量递减规律标准图版

(14) 某口生产井在开始递减阶段的初始产量为 $500\mathrm{m^3/d}$，产量递减率为每月 2% 的调和递减。

①判断下面哪一组公式为调和递减。

a) $Q = Q_0 \mathrm{e}^{-D_0 t}$，$N_\mathrm{p} = \dfrac{Q_0}{D_0}(1 - \mathrm{e}^{-D_0 t})$　$(n = 0)$

b) $Q = Q_0(1 + nD_0 t)^{-\frac{1}{n}}$，$N_\mathrm{p} = \dfrac{Q_0}{(n-1)D_0}\left[(1 + nD_0 t)^{\frac{n-1}{n}} - 1\right]$　$(0 < n < 1)$

c) $Q = Q_0(1 + D_0 t)^{-1}$，$N_\mathrm{p} = \dfrac{Q_0}{D_0}\ln(1 + D_0 t)$　$(n = 1)$

②计算该口生产井 2 年后的日产量 Q 和累计产量 N_p。

(15) 关于 Arps 递减类型的判断与计算。

①写出 Arps 三种产量递减类型及其判别方法，并画出示意图(题图 5 - 5)。

②某区块恒速稳产 5 年后，进入递减阶段，初始产油量为 40 万吨/年，初始递减率为 $0.20/\mathrm{a}$，预测该区块在整个开发阶段累计产油量的上限值；写出详细计算过程。

(16) 某油田一口井 2010 年投入开发后，2 年后(到 2012 年底)的产量从 0 上升到 $300\mathrm{m^3/d}$，保稳产至 2017 年底，然后产量 $0.2/\mathrm{a}$ 的递减率指数递减。求以下 2 个问题。

①截至 2023 年底，即产量递减 6 年后的日产量(一年按 360 天算，计算结果取整数)。

②截至 2023 年底，整个开发周期 2010—2023 年的累计产量。

(17) 某口生产井在开始递减阶段的初始产量为 $600\mathrm{m^3/d}$，产量递减率为每月 3% 的指数递减。计算该口生产井两年后的日产量 Q 和累计产量 N_p。

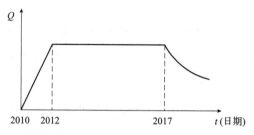

题图 5 - 5　思考题(16)曲线

课外书籍与自学资源推荐

1. 书籍《实用油藏工程(第三版)》

外文书名：Applied Petroleum Reservoir Engineering(Third Edition)

作者：Ronald E Terry，J Brandon Rogers

译者：朱道义

出版社：石油工业出版社

出版时间：2017 年

推荐理由：该书详细介绍了物质平衡方法及其在不同油藏中的应用、渗流机理、天然水侵理论和提高采收率技术(包括水力压裂技术)等。本书对有关油藏工程的经典理论进行了更新，以适应新的油藏工程技术及方法。并结合大量油田实例，演示了运用物质平衡方程和油藏生产历史拟合方法预测油藏生产动态。通过阅读这本书，学生可以拓宽知识面，提高油藏工程领域的专业素养。同时，本书的内容与实际油藏工程应用紧密相连，有助于读者将理论知识运用到实际工作中，提高油藏开发的效率和经济效益。

2. 书籍《产量递减曲线分析》

外文书名：Analysis of Production Decline Curves

作者：Steven W Poston，Bobby D Poe. Jr.

译者：李勇，李保柱，夏静

出版社：石油工业出版社

出版时间：2015 年

推荐理由：该书系统介绍了产量递减曲线的理论与方法，包括 Arps 三种递减曲线的理论及应用、产量不稳定分析典型曲线分析方法的理论及应用、生产动态曲线递减分析等。书中丰富的实例分析，有助于学生更好地理解和应用相关知识。本书旨在帮助学生在油藏工程领域的实践中，提升科学探究精神和解决实际问题的能力，是一本极具价值的课外书籍和自学资源。

6

油气藏动态调整原理

➤ 了解油层非均质特征及其表征方法。

➤ 理解水驱后的剩余油分布特征。

➤ 了解油气藏开发调整方法。

➤ 重点掌握井网加密调整形式以及注采系统调整的井网演变方法。

➤ 了解油气井改造方法和油气藏提高采收率方法。

🔺 素质目标

➤ 增强实践操作技能，提升学生进行油气藏开发调整和油气井改造的设计能力。

智慧调度——实现油田动态调整的艺术与科学

克拉玛依油田 530 井区八道湾组油藏，作为新疆油田的先驱区块，自 1978 年投入开发，历经数十年注水开发，呈现出"两高一低"的特征，即采出程度高、含水率高、采油速度低，且面临地下剩余油分散、稳产难度大的困境。

然而，自 2015 年起，新疆油田公司在此油藏新钻油水井 200 余口，增油超 7 万吨，让这个步入"花甲之年"的油藏焕发出新的生机。这一奇迹背后的原因，便是"二三结合"。

那么，"二三结合"究竟是什么呢？

"二"即"二次开发"，"三"即"三次采油"，"二三结合"则是将二者相结合的创新开发方式。"二次开发"相对"一次采油"而言，其难点在于面对已开采 20 年以上的老油田，剩余油高度分散，油水关系复杂，开采难度极大。而"三次采油"则是通过向地层注入化学物质，以提高采收率。

为了更好地理解"二三结合"，我们可以打个比方。"一次采油"就像是吃肉，而"二次开发"则是在吃完肉的骨头中找肉。要找到这些肉，就需要采取一些手段，比如向油层注入水，这就是常见的"二次开发"手段。

然而，仅靠"二次开发"还不够，因为单独实施难度大，且采收率提高幅度有限。因此，"三次采油"应运而生，通过向地层注入化学物质，改善油藏性能，实现应采尽采。

2015 年，新疆油田公司在深入开展"二次开发"和"三次采油"技术创新的基础上，提出了"二三结合"立体开发方式。

这种模式针对地层中发育的多个油藏，即"叠置油藏"。在"二次开发"层系井网优化重组的基础上，为了最大程度动用该类油藏，同时考虑与后续"三次采油"统筹兼顾，优化实施顺序，优先在下面的油藏实施"二三结合"提高采收率，待该油藏"二三结合"结束后，再在上面的油藏实施。

这种全新的开发方式不仅大幅提高了叠置油藏的最终采收率，还实现了效益开发。

2017 年，中石油集团公司首个按照"二三结合"方式统筹部署开发的砾岩油藏——新疆油田采油二厂 530 井区八道湾组油藏，取得了开门红，年产油量超过方案计划 3000 多吨。

目前，新疆油田正按照"整体部署、分年实施、层系接替"原则，在准噶尔盆地西北缘砾岩油藏规模推广"二三结合"开发技术。预计到 2027 年，产量将达到 80 万吨以上，2030 年产量达到 100 万吨以上，并实现长期稳产，同时年节水近 1000 万立方米。未来，"二三结合"还将在准噶尔盆地腹部和东部的砂岩油藏有序实施，为新疆油田的持续稳产上产提供有力支持。

问题与思考

(1)上述案例给你带来什么样的启发?

(2)注水开发后,剩余油的存在形式有哪些? 如何进行挖潜?

(3)提高采收率的方式有哪些? 化学驱的提高采收率机理有哪些?

6.1　储层非均质性与剩余油分布特征

6.1.1　油层的微观非均质性

油层的微观非均质性主要表现在孔隙度、渗透率、孔隙结构、岩石骨架等方面。这些因素的存在使得油层在微观尺度(孔隙和砂粒规模)上呈现出不均匀的特征，如图 6 – 1 所示，从而影响了油气的运移和聚集。

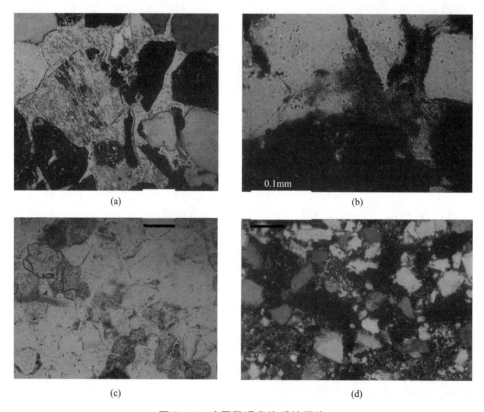

图 6 –1　油层微观非均质性照片

所谓的"微观"是指相对于整个油层而言的局部尺度。选取油层中的一个微小单元，该单元在宏观尺度上足够小，可视为油层的一个基本单元；而在微观尺度上足够大，能够包含大量孔隙和孔喉。若该单元体内的孔隙形态和结构在微观统计上表现出一致性，即孔隙大小、连通性和分布特征在整个单元体内无显著差异，则该油层可认为具有微观均质性。相反，若该单元体内的孔隙结构在微观统计上显示出差异性，即孔隙大小、连通性和分布特征存在显著变化，则该油层在该处呈现微观非均质性。这种微观非均质性可能是由于油藏内部存在的岩石变异、孔隙结构的不均匀性或其他地质因素造成的。

6.1.2 油层的宏观非均质性

油层的宏观非均质性主要表现在岩芯规模甚至地层或区域规模平面和垂向上的非均质性，如图6-2所示。平面非均质性是指油层在水平方向上的非均质特征，如岩性引起的渗透率方向性、砂体内沉积结构因素引起的渗透率方向性、裂缝引起的渗透率方向性等。垂向非均质性则是指油层在垂直方向上的非均质特征，包括层内非均质性和层间非均质性等。这两种非均质性的存在，使得油层在开发过程中，油水的分布更加复杂，给油藏的开发带来了很大的困难。

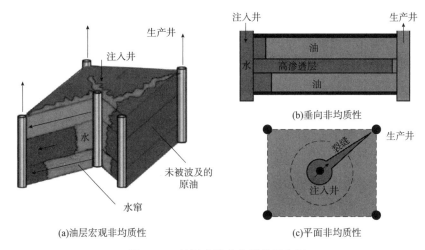

图6-2 油层宏观非均质性示意图

1. 层内非均质性

层内非均质性（intra-layer heterogeneity）是指油藏中同一沉积层或地层内部的异质性。它关注的是在一个特定层系内，由于岩石的成岩变化、孔隙结构的不均匀性、裂缝和孔洞的分布以及流体流动的障碍等因素造成的性质变化。层内非均质性通常表现为油藏内部渗透率、孔隙度、饱和度等参数的局部差异，这些差异对油气的藏集、运移和开发都有重要影响。

层内非均质性的差异程度通常用下列定量统计参数表示。

①渗透率变异系数 K_v：

$$K_v = \frac{\sqrt{\sum_{i=1}^{n} (K_i - \overline{K})^2 / (n-1)}}{\overline{K}} \tag{6-1}$$

式中，K_v 为渗透率变异系数（permeability variation factor）；K_i 为第 i 个岩样的渗透率，μm^2；$\overline{K}$ 为 n 个岩样的平均渗透率，μm^2；n 为岩样数。

②渗透率级差 K_J：

$$K_J = \frac{K_{max}}{K_{min}} \tag{6-2}$$

式中，K_J 为渗透率级差；K_{max} 为最大渗透率，μm^2；K_{min} 为最小渗透率，μm^2。

③突进系数（非均质性系数）K_T：

$$K_T = \frac{K_{max}}{\overline{K}} \tag{6-3}$$

④洛伦兹系数 L_c：

洛伦兹系数 L_c 的计算原理图如图 6-3 所示，其计算公式为：

$$L_c = \frac{S_{ADC}}{S_{ABC}} \tag{6-4}$$

式中，L_c 为洛伦兹系数；S_{ADC} 为洛伦兹曲线中扇形 ADC 的面积，cm^2；S_{ABC} 为洛伦兹曲线中三角形 ABC 的面积，cm^2。L_c 介于 0（理想均质）和 1（最大非均质性）之间，为油层非均质程度的定量指标。洛伦兹曲线的纵坐标为渗透率贡献值（$\dfrac{\sum\limits_{j=1}^{i} K_j \Delta h_j}{h\overline{K}}$），横坐标为累计厚度比例（$\dfrac{\sum\limits_{j=1}^{i} \Delta h_j}{h}$）。

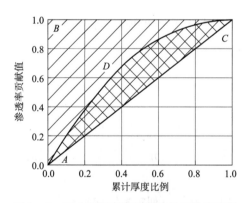

图 6-3　层内渗透率变异洛伦兹系数原理图

2. 层间非均质性

层间非均质性（interlayer heterogeneity）是指油藏中不同沉积层或地层之间的性质差异。这些差异可能包括岩石的物理性质（如孔隙度、渗透率、饱和度等）和化学组成，以及这些性质在空间上的不均匀分布。层间非均质性通常与油藏的地质历史、沉积环境和成岩作用有关。例如，一个油藏可能包含几个不同的地层，每个地层在物性上都有其特征，这些特征会影响油气的分布和流动。

层间非均质性可用下列定量统计参数表示。

1）分层系数

分层系数是指一定层段内砂层的层数，常以平均单井钻遇砂层层数表示。一般分层系数越大，层间非均质性越严重。

2）垂向砂岩密度

垂向砂岩密度又称砂岩系数，指剖面上砂岩总厚度占地层总厚度的百分数。该数值越大，砂体越发育，连续性越好。

3. 平面非均质性 $\overline{K}_A$

平面非均质性是指岩性变化引起的渗透率方向性、砂体内沉积结构因素引起的渗透率方向性和裂缝引起的渗透率方向性。

平面非均质性可用油层平面平均渗透率表示。

$$\overline{K}_A = \frac{\sum h_i A_i K_i}{\sum h_i A_i} \qquad (6-5)$$

式中，$\overline{K}_A$ 为油层平面平均渗透率，μm^2；h_i 为第 i 口井处的该油层的厚度，m；A_i 为第 i 口井处的该油层的控制面积，m^2；K_i 第 i 口井所测得的该油层的渗透率，μm^2。

6.1.3 剩余油的定义及其影响因素

剩余油是指在油层开发过程中，未被开采出来的油气资源。其影响因素主要分为影响驱油效率的因素与影响平面和垂向波及效率的因素。

驱油效率是指在油层开发过程中，注入的水能够推动的油气资源的比例。驱油效率取决于油层的微观非均质性、孔隙表面的润湿性、驱油剂与原油之间的界面张力、驱油剂与原油之间的黏度比、驱油剂的注入孔隙体积倍数（I_{pv}）等因素。

平面和垂向波及效率则是指注入的水能够在油层中的波及范围。波及效率的高低，取决于油层的平面和垂向非均质性、油水井的分布和井网密度、驱油剂与原油之间的黏度比等因素。

6.1.4 水驱后剩余油分布特征

水驱后剩余油的分布特征主要表现在未动用油层、已动用油层平面上未动用区域、已动用油层垂向上未动用区域三个方面。

1. 未动用油层

未动用油层是指在水驱过程中，未被注入水波及的油层，如图 6-4 所示。这部分油层主要有井网不完善的油层、层间干扰严重的油层、污染严重的油层、原开发层系外的潜力层等，油气资源仍然保留在油层中，是油气勘探和开发的重要目标。

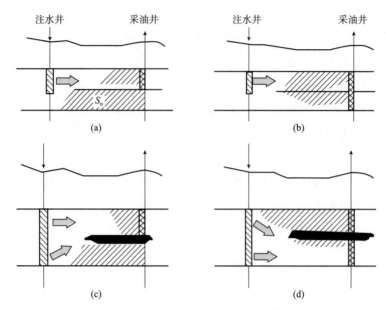

图 6 – 4　未动用油层剩余油分布示意图

2. 已动用油层平面上未动用区域

已动用油层平面上未动用区域是指在水驱过程中，虽然注入的水已经波及该区域，但是由于井网控制不住、水动力滞留、条带状发育、平面失调、裂缝水窜等原因，该区域内的油气资源并未被完全开采出来。

3. 已动用油层垂向上未动用区域

已动用油层垂向上未动用区域则是指在水驱过程中，虽然注入的水已经波及该区域，但是由于驱油剂的黏性指进和重力突进、油层沉积韵律、油层内隔层不稳定、水锥和气锥等原因，该区域内的油气资源并未被完全开采出来。

6.2　油气藏开发调整方法

油气藏开发调整是指在油气藏开发过程中，根据油藏特性和生产状况，对开发策略进行调整和优化，以提高油藏的开发效果和经济效益。其目的是为了更好地发挥油藏的潜力，提高油藏的采收率，延长油藏的生产寿命，降低开发成本，提高经济效益。

6.2.1　层系调整

层系调整是油气藏开发中常见的一种调整方法，主要是根据油藏特性和生产状况，重新划分开发层系，以解决或调整层间非均质性问题，提高油藏的开发效率和经济效益。这种方法通常包括层系的细分和合并。

层系细分是将原来的开发层系进一步细分为更多的小层系，以便更精确地控制油藏压力和产量，提高油藏的采收率。层系合并则是将多个小层系合并为一个大的层系，以简化开发过程，降低开发成本。层系调整的目的是为了更好地发挥各层系的生产潜力，提高油藏的整体经济开发效果。

6.2.2　井网调整

井网调整是油气藏开发中另一种常见的调整方法，主要包括加密钻井、注采井数比的调整和井网类型的改变。井网调整主要是调整油层的平面非均质性，提高油藏的开发效果和经济效益。

井网加密可以提高油藏的产量和采收率，了解油藏各层的分布和参数的变化情况，但也会增加开发成本。图6-5(a)展示了直井井网的一次加密布井方式。由图6-5(a)可以看出，井网加密后基础井网的形式不变，即正方形井网加密后仍为正方形井网，一次加密后井网距离从 d 变化为 $\sqrt{2}d/2$。图6-5(b)展示了水平井加密直井井网的布井方式。由于水平井的水平段较长，可以增加井筒与油层之间的直接接触面积，为原油流入井筒或通过井筒把工作流体注入地层中提供了有利的条件。

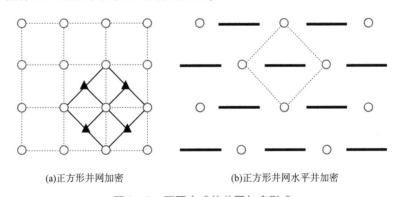

(a)正方形井网加密　　　　　　(b)正方形井网水平井加密

图6-5　不同方式的井网加密形式

减少井数可以降低开发成本，但可能会降低油藏的产量和采收率。注采井数比和井网类型的调整可以改变油藏的压力和产量分布，从而影响油藏的开发效果。图6-6给出了反九点法调整为直线排状注水的注采井网演变形式。开发初期采用反九点法面积井网可为以后注采系统的调整提供较多的选择余地。

6.2.3　驱动方式调整

驱动方式调整是油气藏开发中的一种重要调整方法，主要是通过改变油藏的驱动方式，以提高油藏的开发效果和经济效益。传统的驱动方式主要包括天然能量驱动和人工能量驱动。

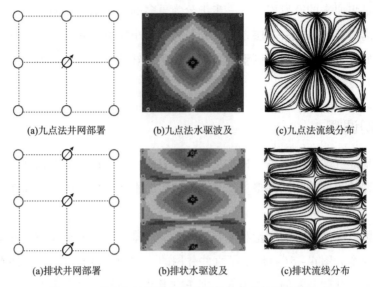

(a)九点法井网部署   (b)九点法水驱波及   (c)九点法流线分布

(a)排状井网部署   (b)排状水驱波及   (c)排状流线分布

图6-6 反九点法调整为直线排状注水的注采井网演变

天然能量驱动是指利用油藏自身的压力和能量进行油藏开发,包括天然水驱、气驱和重力驱等。人工能量驱动则是通过注入水、气体或化学物质来改变油藏的压力和能量,以促进油的运移和生产。驱动方式调整时考虑充分利用天然能量的可行性,其目的是为了更好地发挥油藏的潜力,提高油藏的采收率。

6.2.4 工作制度调整

工作制度调整是油气藏开发中的一种常见调整方法,主要是通过改变油藏的开发工作制度,以提高油藏的开发效果和经济效益。工作制度调整包括注入方式的改变、液流方向的调整等,主要是解决或调整层间非均质性问题。

注入方式的改变是工作制度调整的一个重要方面。传统的注入方式主要包括连续注水和间歇注水。然而,随着油藏开发技术的不断发展,出现了更多新型的注入方式,如周期注水、脉冲式注水等。这些新型注入方式可以更好地控制油藏的压力和产量分布,从而提高油藏的开发效果。

6.2.5 开采工艺调整

开采工艺调整是油气藏开发中的一种重要调整方法,主要是通过改变油藏的开采工艺,以提高油藏的开发效果和经济效益。开采工艺调整包括生产压差的改变、排液量的调整和举升工艺的改变等。

生产压差的改变可以改变油藏的压力和产量分布,从而影响油藏的开发效果。排液量的调整可以采用管式泵、电潜泵和水力活塞泵等实现,能提高排液量,从而影响油藏的开发效果。举升工艺的改变可以降低井底流动压力,增加生产压差,进而提高油藏的产量和采收率，降低开发成本。开采工艺调整的目的是为了更好地控制油藏的压力和产量，提高油藏的采收率。

> **课堂讨论**
>
> 请对下面的非均质性类型和对应工程手段进行连线。
>
> 平面非均质性　　　　　　封堵优势通道
>
> 层间非均质性　　　　　　调整井网方式
>
> 层内非均质性　　　　　　划分开发层系
>
> 微观非均质性　　　　　　改变液流方向

6.3　油水井改造方法

6.3.1　调剖堵水方法

调剖堵水方法是油气藏开发中的一种重要手段，主要用于调整油藏的压力和产量分布，提高油藏的开发效果和经济效益。调剖堵水方法可以根据油藏的特性和生产状况，采取不同的技术手段，包括分层堵水、机械堵水、化学堵水和油藏深部调驱技术等。

1. 分层堵水的原则

分层堵水(water plugging)是根据油藏的分层特性，通过选择合适的堵水层位，将水堵在低产层，从而提高高产层的生产效益。分层堵水的原则包括确定堵水层位、选择合适的堵水材料和施工工艺等。堵水层的含水率界限一般应高于80%。

2. 机械堵水技术

机械堵水技术是利用机械设备，如堵水器、封堵球等，封堵油水井的通道，阻止油水流通过。目前国内堵水常用的是压缩式封隔器，与桥式、偏心式、固定式等控制器配套使用，可根据需要组合成不同的井下机械堵水管柱。机械堵水技术具有施工简单、效果明显等优点，但需要准确选择堵水层位和合适尺寸的堵水材料。

3. 化学堵水技术

化学堵水技术是利用化学物质，如聚合物凝胶、沉淀型堵剂、树脂类堵剂、固体分散颗粒、颗粒固结体等，封堵油水井的通道。化学堵水技术具有选择性好、堵水效果稳定等优点，但需要合理设计堵水配方和控制堵水过程中的化学反应。

4. 油藏深部调驱技术

油藏深部调驱技术是通过注入调驱剂，改变油藏深部的流动特性，提高油藏的采收率。这种技术可以改变油水的流动方向和速度，降低油水的流动阻力，从而提高油藏的开发效果。

6.3.2 油水井压裂

油水井压裂是一种通过提高井筒压力，使井筒周围的岩石发生裂缝，从而增加油水的流动面积和渗透性，提高油藏的产量。压裂选井条件和压裂设计方法是油水井压裂的关键环节。

1. 压裂选井条件

压裂选井条件主要包括油藏具有较高的压力梯度、岩石具有较高的破裂压力和渗透性较低等。对于注水井压裂，压裂层段的上下隔层厚度应大于 2m，无管外窜槽，可压裂。对于生产井压裂，压裂层段应有足够的地层压力和含油饱和度，具有适当的地层系数。此外，还需要考虑井筒的稳定性、压裂施工的安全性和经济效益等因素。

2. 压裂设计方法

压裂设计方法主要包括分析压裂地质依据及有关地层和井况资料、预测和要求的增产倍数、选择压裂施工方案、选择合适的压裂液体系、确定压裂施工参数和优化压裂方案等。压裂液体系的选择需要考虑油藏的温度、压力和岩石的性质等因素。压裂施工参数的设计需要考虑井筒的深度、裂缝的半径和压裂液的流量等因素。优化压裂方案需要考虑压裂液的配比、压裂施工的压力和排量等因素。

6.3.3 油水井酸化

油水井酸化是一种通过向井筒注入酸液，溶解井筒周围的地层岩石的部分或全部矿物、黏土颗粒或者堵塞物(如钻井液、泥饼、杂质、沉淀物等)，从而增加油水的流动面积和渗透性，提高油藏的产量的技术。酸化选井条件和酸化设计方法是油水井酸化的关键环节。

1. 酸化选井条件

酸化选井条件主要包括油藏中存在碳酸盐矿物、岩石具有较高的酸化反应活性和渗透性较低等。酸液主要有盐酸和土酸。盐酸主要处理碳酸盐类含量超过50%的岩层，如裂缝性石灰岩、白云岩等。土酸时盐酸与氢氟酸的混合液，适用于碳酸盐岩含量较低，泥质含量较高的油层。此外，还需要考虑井筒的稳定性、酸化施工的安全性和经济效益等因素。

2. 酸化设计方法

酸化设计方法主要包括选择合适的酸液体系、确定酸化施工参数和优化酸化方案等。酸液体系的选择需要考虑油藏的温度、压力和岩石的性质等因素。酸化施工参数的设计需要考虑井筒的深度、酸化液的流量和浓度等因素。优化酸化方案需要考虑酸化液的配比、酸化施工的压力和排量等因素。

6.4 提高采收率方法

6.4.1 采收率的定义

油藏的采收率(recovery efficiency，简写为 R 或 E_R)定义为油藏可采储量与油藏原始原油地质储量(original oil in place，缩写为 OOIP)的比值。采收率 R 可以表示为：

$$R = \frac{N_R}{N} = \frac{A_s h_s \phi S_{oi} - A_s h_s \phi S_{or}}{Ah\phi S_{oi}} = \frac{A_s h_s}{Ah} \cdot \frac{S_{oi} - S_{or}}{S_{oi}} = E_D \cdot E_V \qquad (6-6)$$

式中，R 为采收率，无量纲；N_R 为采出储量，t；N 为地质储量，t；A_s 为注入流体波及的面积；h_s 为注入流体波及的平均有效厚度；ϕ 为油藏的孔隙度；S_{oi} 为原始含油饱和度；S_{or} 为注入流体波及区内残余油饱和度。

从理论上来说，采收率的大小取决于驱油效率(displacement efficiency，符号为 E_D)和体积波及系数(volumetric sweep efficiency，符号为 E_V)。对于一个典型的水驱油藏来说，如果油藏的原始含油饱和度(S_{oi})为 0.60，水驱后注入水波及区内的残余油饱和度(S_{or})为 0.30，那么注入水的驱油效率为：

$$E_D = \frac{S_{oi} - S_{or}}{S_{oi}} = \frac{0.60 - 0.30}{0.60} = 0.50 \qquad (6-7)$$

如果油藏较均质，注水的波及系数(E_V)可以达到 0.7，那么水驱采收率为：

$$R = E_D \cdot E_V = 0.7 \times 0.5 = 0.35 = 35\% \qquad (6-8)$$

水驱后油藏采收率为 35%，也就是说，注水采出了油藏原油的 1/3 左右，还有大量的(约为 2/3)原油仍然留在地层中，用注水的方法不能把它们采出地面。

尽管上述计算是对一个理想油藏的采收率计算结果，但具有一个普遍意义就是不管是哪一个油藏水驱后，仍然有大量的石油留在地下。例如，大庆二类油层水驱后残余油在孔喉间的赋存状态大致呈现四种形态，分别为柱状、孤岛(粒间束缚)状、膜状以及盲端(角隅)状，如表 6-1 所示。其中，柱状、孤岛状和盲端状主要是由于微观波及体积低导致的，膜状主要是由于驱油效率低导致的。

根据采收率的计算公式(6-6)可知，影响采收率主要因素是驱油效率和波及系数。因此。所有提高采收率的方法都是致力于提高驱油效率或(和)波及系数。

6.4.2 驱油效率

驱油效率(oil displacement efficiency，符号为 E_D)又称微观驱替效率，其定义为注入流体波及区域内，采出油量与波及区内石油储量的比值。定义式为：

$$E_D = \frac{波及区内采出油量}{波及区内储量} = \frac{波及区内储量 - 残余油量}{波及区内储量} = \frac{A_s h_s \phi S_{oi} - A_s h_s \phi S_{or}}{A_s h_s \phi S_{oi}} \quad (6-9)$$

根据储量和残余油的概念可得驱油效率为

$$E_D = \frac{S_{oi} - S_{or}}{S_{oi}} \quad\quad\quad (6-10)$$

由式(6-10)可以看出,通过降低残余油饱和度可以提高驱替效率,增加石油采收率。降低残余油的途径有减低油水界面张力、改变岩石润湿性、降低原油黏度等方法。

表6-1 大庆二类油层水驱后残余油类型

残余油类型	形态	造成原因
柱状		在非流动方向上连通两条渗流通道,微观尺度未波及形成的残余油
孤岛/粒间束缚		在流动方向上,受阻力影响流体从其两侧绕过,形成的残余油
膜状		流体已经波及并通过的孔隙内,受润湿性影响残留在岩石壁面的残余油
盲端/角隅		岩壁凹陷导致流体波及不充分形成的残余油

6.4.3 波及系数

波及系数(volumetric sweep efficiency, 符号为 E_V)是面积波及系数(E_A)与垂向波及系数(E_h)的乘积。即:

$$E_V = E_A \cdot E_h \tag{6-11}$$

图 6-7 为理想化的四层油藏活塞式水驱示意图, 假设层内均质, 纵向上存在 4 个不同渗透率的油层, 且渗透率 $K_1 > K_3 > K_4 > K_2$。由图 6-7(a)可以看出, 油井见水后平面上和纵向上仍存在一部分油藏体积未被注入水波及。由图 6-7(b)可以看出, 随着注水时间增加(从 t_1 至 t_3), 注入水的波及面积越来越大, 当注入水在生产井突破后直到油井完全水淹(如 t_3)仍有部分面积尚未被注入水波及。对于实际油层, 由于黏性力作用, 油藏非均质性等因素产生黏性指进和舌进现象, 使注入水平面波及系数更低。

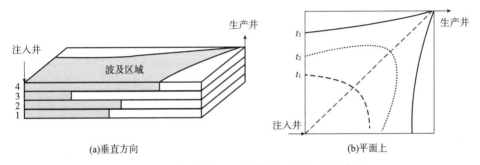

图 6-7 理想化的 4 层油藏活塞式水驱油示意图

面积波及系数(areal sweep efficiency, 符号为 E_A)定义为注入流体波及的面积与油藏面积的比值。如图 6-6(b)中, t_2 时刻面积波及系数为双阴影部分面积与总正方形面积的比值。即:

$$E_A = \frac{A_S}{A} \times 100\% \tag{6-12}$$

式中, A 为油藏面积, km^2。

影响面积波及系数的主要因素有水油流度比(mobility ratio)和井网两个参数。

垂向波及系数(vertical sweep efficiency, 符号为 E_h)定义为注入流体在油层纵向上波及的有效厚度与油层总的有效厚度的比值, 其表达式为:

$$E_h = \frac{h_S}{h} \times 100\% \tag{6-13}$$

式中, h 为油层总的有效厚度, m。

影响垂向波及系数的主要因素有驱替流体与被驱替流体的密度差引起的重力分离效应、水油流度比、非均质性以及毛管力等参数。提高垂向波及系数的方法以下方法。

（1）减少驱替相与被驱替相密度差。如水/气交替注入技术和蒸汽泡沫、CO_2泡沫等。

（2）提高驱替相流体的黏度，降低驱替相渗透率。例如加入聚合物可以增加水相黏度，降低水相渗透率（由于聚合物吸附/滞留作用），或者注入聚合物冻胶调整储层的渗透率级差。

6.4.4 提高采收率方法简介

提高采收率（enhanced oil recovery，缩写为 EOR）被定义为除了一次采油和保持地层能量开采石油方法之外的其他任何能增加油井产量、提高油藏最终采收率的采油方法，有时也称作三次采油（tertiary oil recovery）。

提高采收率方法的一个显著特点是注入的流体改变了油藏岩石和（或）流体性质，提高了油藏的最终采收率。提高采收率方法可分为 4 大类，即化学驱、气体混相驱、热力采油和微生物采油。EOR 方法的详细分类如图 6-8 所示。

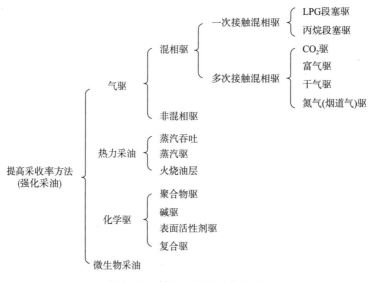

图 6-8 提高采收率分类框图

1. 化学驱

化学驱（chemical flooding）是指通过在注入水中加入聚合物、表面活性剂和碱等化学剂，改变驱替流体与油藏流体之间的性质，达到提高采收率目的的方法。化学驱可进一步分为聚合物驱、表面活性剂驱、碱驱以及复合驱（如聚合物表面活性剂、聚合物—碱、碱—表面活性剂—聚合物等）等方法。

化学驱既可以改变油水界面张力，也可以降低流度比。因此从理论上来说，化学驱可以大幅度提高原油采收率，降低残余油饱和度。但实际应用中由于化学剂成本较高，这种方法的应用也受到一定限制。

2. 气体混相驱

气体混相驱(gas miscible flooding)的目的是利用注入气体能与原油达到混相的特性，使注入流体与原油之间的界面消失，即界面张力降低至零，从而驱替出油藏的残余油。图6-9 展示了气体混相驱的流程示意图。气体混相驱按混相机理可分为一次接触混相驱和多次接触混相驱。按注入气体类型可分为烃类气体混相驱(如 LPG 段塞混相驱、富气混相驱和高压干气混相驱)和非烃类气体混相驱(如 CO_2 驱)。

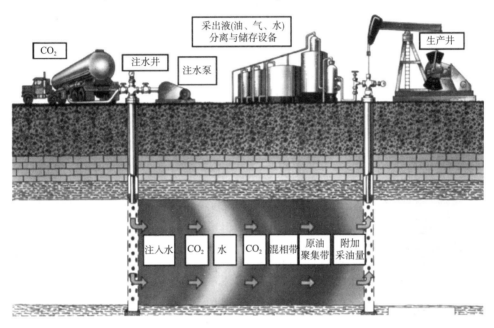

图6-9　气体混相驱流程示意图

3. 热力采油方法

热力采油(thermal recovery)是指将热量引入油层，降低原油黏度从而提高采收率的方法，包括蒸汽吞吐、蒸汽驱和火烧油层等方法。热水驱也属于热力采油范围，也是蒸汽驱的一个特例，即蒸汽干度为零的蒸汽驱。

4. 微生物采油

微生物采油(microbial recovery)是利用微生物及其代谢产物增加油井产量提高油藏原油采收率的一种石油开采技术。微生物采油中应用的微生物是经过严格的筛选和培养的，要求注入的微生物在油藏条件(高温、高压、高矿化度)下具有迅速生长和繁殖、代谢功能。在油藏中，依靠微生物及其代谢产物(酸、气体、表面活性剂和生物聚合物等)，能够改变油藏岩石孔隙结构及表面性质、地层原油性质，从而达到提高波及系数，降低残余油的目的。根据微生物采油的应用工艺，微生物采油可以分为微生物驱、微生物调剖和微生物吞吐等方法。

尽管各种提高采收率方法都能够提高油藏采收率，但各方法的机理不同，都存在一定的缺陷，表 6-2 为各种提高采收率方法的对比结果。

表 6-2　各种提高采收率方法的对比

EOR 方法	主要机理	主要缺陷
气体混相驱	混相，改善流度比，降低界面张力，润湿性反转	气体流度控制能力差、气源不足
聚合物驱 （P）	降低流度比，改善波及系数	聚合物在高温、高矿化度下增黏能力差，稳定性差，注入能力受渗透率限制
聚合物—表面活性剂驱 （SP）	改善流度比，降低界面张力	表面活性剂的吸附损失大、稳定性差、成本高
碱—聚合物驱 （AP）	改善流度比，降低界面张力，润湿性反转	对原油组成要求严格、碱耗较大
碱—表面活性剂—聚合物驱 （ASP）	改善流度比，降低界面张力，润湿性反转，多种驱替剂的协同增效作用	各组分之间的配伍性控制，成本高
火烧油层	降低原油黏度，原油轻质组分汽化，重质原油热裂解产生的 CO_2 混相驱动作用	蒸汽反燃烧方法产生的气体超覆，燃烧难以控制，产出气污染环境，井下管柱腐蚀严重
微生物采油	有机物、无机物、微生物阻塞大孔隙，改善波及系数，生物表面活性剂降低界面张力，代谢酸性物质、增加渗透率、代谢气体驱的作用，降解原油作用	微生物耐盐、耐高温性差，降解重质原油的微生物难于研制，微生物潜在污染水源

实践与思考

1. 邀请油田专家讲座

在油田开发过程中，动态调整方法对于提高油田开发效率和采收率具有重要意义。为了帮助大家更好地理解和掌握油田动态调整的方法与实践，我们特别策划了此次"油田动态调整方法与实践"的讲座活动。

活动要求如下。

(1) 邀请：邀请具有丰富经验的油田开发专家参与此次活动。邀请工作由同学们或任课老师负责，并需提前将专家的联系方式提交给任课老师。

(2) 讲座：讲座预计持续 2 小时。邀请的专家将深入讲解油田动态调整的原理、方法、实践及其效果评估。讲座内容将涵盖动态调整的基本概念、类型、关键技术以及实际应用等方面。

(3) 互动环节：讲座结束后，将安排约 30 分钟的互动环节。同学们可就油田动态调整方法与实践中的关键问题向专家请教，展开深入探讨。此外，也鼓励同学们分享自己的理解和见解，与专家进行思想交流和学术讨论。

2. 课后思考题

(1)简述油层的非均质性的特点。

(2)简述水驱后剩余油的分布特征。

(3)简述油气藏开发调整方法。

(4)某油藏投产时在正方形基础井网下，以一套反九点面积井网部署生产：①试部署该生产井网；②在综合含水为40%时发现以生产井排45°(角井)方向水窜，此时将井网调整为行列线状注水，试部署该调整井网；③分别指出生产井数与注水井数之比以及波及系数的变化情况。

(5)简述油水井压裂和酸化的区别。

(6)简述提高采收率方法的类型有哪些，分别是什么驱油原理。

课外书籍与自学资源推荐

1. 书籍《提高采收率基本原理》

外文书名：Fundamentals of Enhanced Oil Recovery

作者：Larry，W Lake，Russell，T Johns，Willian R Rossen，Gary A Pope

译者：朱道义

出版社：石油工业出版社

出版时间：2018年

推荐理由：该书由Lake院士领衔，与其他三位院士合作撰写，作为国外本科生和研究生提高采收率课程教材，以分流量理论和相态特征为核心，详细介绍了提高采收率的基本原理及各种方法。书中不仅涵盖了理论知识的深入解析，还包括了丰富的实践案例，能帮助学生更好地理解和掌握提高采收率的相关技术。此书对于提升学生在油气藏开发领域的实际操作能力和解决实际问题的能力具有重要意义，是一本极具价值的课外书籍和自学资源。

2. 书籍《油水井增产增注技术》

作者：王杰祥

出版社：中国石油大学出版社

出版时间：2006年

推荐理由：全面涵盖了油水井增产增注技术(酸化、压裂)的基本原理、工艺设计计算方法及应用。书中内容精准新颖，国内外研究成果丰富，有助于学生深入理解油气藏动态调整原理，提升他们在实际工作中解决油水井问题的能力。

7

数智与低碳油气藏工程

知识与能力目标

➤ 了解油气藏数值建模与优化的基本原理和方法。

➤ 了解智能化技术在油气藏开发中的应用。

➤ 了解油气田开发低碳技术，包括伴生气回收利用、CO_2 捕集封存与利用、含油污泥资源化利用等。

素质目标

➤ 提升学生在数智与低碳油气藏工程领域的创新意识和实践能力，培养学生的环保意识和可持续发展观念。

数字革命——走进智能低碳油田的新时代

在智能油田的新时代，技术革新推动了数字化与油气田业务的深度整合，为传统油田发展开辟了一条独具特色的智慧之路。如今，油田员工能够轻松地在众多油井中识别异常，实现了远程、精准的问题诊断，这要归功于油田不断推进的数字化智能化转型。

早在 1993 年，克拉玛依便开始了"数字油田"的建设。经历了 2008 年的数据资料全面信息化更新，到了 2009 年，克拉玛依进一步规划向"智能油田"转型。到了 2011 年，标志着智能油田建设重要进展的 15 个项目启动，其中包括了探井随钻跟踪辅助系统、单井问题诊断预测与优化系统、物资供应系统等。这些项目的实施，使得数字油田的空间扩展至整个准噶尔盆地，时间涵盖了自 1947 年以来的所有数据，专业领域覆盖了地质、勘探、钻井等 25 大类，数据量达到了约 300TB。

在智能油田的建设过程中，新疆油田积极推进自动化技术在生产中的应用。通过打造"智慧管道、智慧站场"，提升了生产管理的信息化水平。自动化技术的应用，如实时数据自动采集、报表在线自动生成、设备远程控制等，逐步形成了"站库综合巡检、少人/无人值守、生产调控中心集中操控"的新型管理模式。物联网的全面覆盖，以及无人值守站点的超过七成，使得油气站点的生产数据和周界安全实现了"一屏尽览"，全面保障了油气"大动脉"的畅通。积极研发产量变动分析和预测系统等智能化应用系统，集产量运行情况跟踪、产量变化智能分析与预测、措施分析与挖潜、辅助配产配注设计为一体，目前已在新疆油田 13 家基层单位推广应用。

为了应对异常井诊断分析中的挑战，新疆油田技术人员研发了油气水井问题诊断和预测系统。这一"千里眼"系统改变了传统的单井管理模式。通过结合大数据故障分析、卷积神经网络等新技术与新疆油田 60 多年的生产经验，该系统实现了数据的快速流动和员工工作负担的减轻。员工只需轻点鼠标，就能实时监测数公里外的单井生产数据，并通过系统自动进行问题诊断，实现了一键式的异常井筛选、问题分析和故障处理，显著提升了问题发现的及时率，降低了故障率。

为了响应国家的"双碳"目标，新疆油田在边远井场安装了分布式光伏发电组件和储能设施，实现了边远井场的"零碳"生产。例如，金龙井区玛湖 45 井场就采用了光伏发电和智能间抽控制方式持续供电。通过充分利用太阳能资源，新疆油田加速了"零碳"和近"零碳"井场的改造和建设，特别是在大网供电无法通达或通达成本较高的边远井场，通过"光伏供能 +24 小时储能"供电模式，替代了柴油发电抽采石油，实现绿色低碳生产。根据规划，新疆油田今年将新建、改造 106 口"零碳"和近"零碳"井场，预计全部运行后，每年可替代柴油 1300 多吨，减少二氧化碳排放约 6200 吨，节约费用 800 多万元。

问题与思考

(1) 上述案例给你带来什么样的启发？

(2) "数字油田"与"智能油田"的区别在哪？

(3) "低碳油田"的发展有哪些内涵？

7.1　油气藏数值模拟技术

所谓模拟，就是指模拟事物现象但不具有其实体，即通过虚拟实际物理过程以达到认识研究其运动规律的目的。油藏数值模拟是对油层流体的运动规律建立数学模型，并通过各种数学方法求得压力和饱和度等参数的分布来认识流体运动的规律，将实际的油气藏动态重现一遍，然后基于此模型解决油气田实际问题，如图 7 − 1 所示。

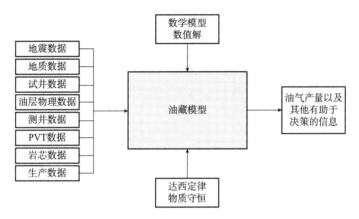

图 7 −1　油藏数值模拟系统原理示意图

自 20 世纪 60 年代初兴起以来，油气藏模拟技术在计算机和算法技术的发展以及石油科学技术的进步的推动下，已经发展成为油气藏工程师不可或缺的重要工具。

油气藏数值模拟技术的主要作用体现在以下几个方面。

1. 初期开发方案规划与制定

在新区产能建设过程中，油气藏数值模拟技术可用于评估不同实施方案的可行性，辅助决策井网布局、开发层系、注水方式和产量效果等关键参数。此外，该技术还有助于研究油气藏和流体性质的敏感性，为油气藏的开发提供科学依据。

2. 已开发油田历史模拟

对于已开发区，油气藏数值模拟技术的作用在于验证地质储量、确定驱替机理及类型、确定产液量和生产周期、识别油藏和流体特性，并拟合全油田和单井的压力、含水历史动态，以指出问题和潜力所在的区域。

3. 油气田开发动态预测与方案调整

在获得满意的历史拟合基础上，油气藏数值模拟技术可用来预测油藏未来的生产动态。预测内容涵盖原油、天然气和水的产量、气油比与油水比的动态变化、油藏压力变化、液体前缘位置、井设备及修井需求、区域采出程度、油气藏最终采收率等。这些预测有助于评估提高采收率的方法，研究剩余油饱和度的分布规律和范围，探讨扩大水驱油效率和波及系数的方法，确定井位和加密井的位置，比较各种调整开发方案和开发指标，进行经济评价等，为开发与管理决策提供重要依据。

随着油藏数值模拟技术日益成熟并趋向综合性发展，其内涵和功能逐渐扩展，与传统油藏工程领域的界限日益模糊，共同构成了"现代油藏工程"的核心技术体系。尽管如此，传统油藏工程方法依然不可或缺。传统方法在油藏数值模拟中的作用主要包括补充数据资料的不足、降低输入数据的误差、加深对模型合理性的理解、辅助动态历史拟合分析，以及促进模拟结果的评估与解释。这些因素是影响数值模拟应用研究质量的关键，也是衡量专业人士能力的重要指标。

7.1.1　油气藏数值建模与优化基本原理

油藏数值建模与优化基本原理主要包括建立数学模型、数学模型的离散化、建立线性方程组、线性方程组求解、编写计算机程序等。图 7 - 2 给出了油藏数值建模与优化的流程图。

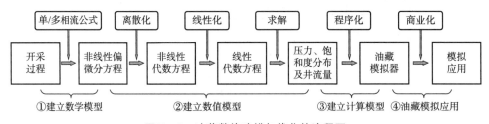

图 7 - 2　油藏数值建模与优化的流程图

1. 建立数学模型

油藏数值建模的起点是对油气藏物理过程的深入理解。基于对自然界物理现象普遍遵循的规律的运用，构建描述油气藏渗流特性的物理模型，即写出描述这一物理过程的数学方程。在此物理模型的基础上，建立偏微分方程组，并确定相应的辅助方程、初始条件和边界条件。

数值建模时需考虑油气藏的流动形态(如平面单向流、平面径向流、球面径向流)和边界形状，以及这些因素所决定的油藏模型网格。

下面以黑油模型为例进行简要介绍。

黑油，亦称为非挥发性原油，与轻质、挥发性较高的原油相对。黑油因其密度较大、色泽较深而得名。针对黑油的特点，油藏工程师构建了相应的数学模型，即黑油模型，该模型对实际油藏进行了简化处理。基于这些简化假设，开发的数值模型和计算机软件同样被称为黑油模型。黑油模型是目前实际油藏模拟中最基础、最成熟的模型，且在油藏数值模拟领域得到了广泛应用。

1) 黑油模型的渗流控制方程

黑油模型可看作多组分模型的一种特例。只要将黑油模型的物理条件及其数学表达式代入组分模型的渗流方程就可以得到黑油模型的渗流方程组。

设油、气、水各组分在油、气、水三相中的质量分数分别为 C_{io}、C_{ig}、C_{iw}。其中下标 $i = O$、G、W，分别表示油、气、水三组分；下标 o、g、w 分别表示油、气、水三相。把这些质量分数符号代入多组分模型，得黑油模型的渗流控制方程：

油组分：

$$\nabla \cdot \left[\frac{\alpha K K_{ro}}{B_o \mu_o} (\nabla p_o - \rho_o g \, \nabla D) \right] + \alpha q_{o\,Vsc} = \alpha \frac{\partial \phi S_o}{\partial t B_o} \tag{7-1}$$

气组分：

$$\nabla \cdot \left[\frac{\alpha R_{so} K K_{ro}}{B_o \mu_o} (\nabla p_o - \rho_o g \, \nabla D) + \frac{\alpha K K_{rg}}{B_g \mu_g} (\nabla p_g - \rho_g g \, \nabla D) \right] + \alpha q_{o\,Vsc} = \alpha \frac{\partial}{\partial t} \left[\phi \left(\frac{R_{so} S_o}{B_o} + \frac{S_g}{B_g} \right) \right] \tag{7-2}$$

水组分：

$$\nabla \cdot \left[\frac{\alpha K K_{rw}}{B_w \mu_w} (\nabla p_w - \rho_w g \, \nabla D) \right] + \alpha q_{w\,Vsc} = \alpha \frac{\partial \phi S_w}{\partial t B_w} \tag{7-3}$$

公式(7-1)至公式(7-3)即为黑油模型渗流控制方程。其中，$q_{o\,Vsc}$（$= q_o/\rho_{osc}$），$q_{g\,Vsc}$（$= q_G/\rho_{gsc}$），$q_{w\,Vsc}$（$= q_W/\rho_{wsc}$）分别表示在单位时间内向单位体积油藏中注入的油、气、水相流体折算到地面标准状况下的体积。在地面标准状况下，油、气、水组分分别只存在于油、气、水三相之中，因此公式(7-1)至公式(7-3)中每一相的注入体积就是其对应组分的注入体积。

2) 黑油油藏的辅助方程

公式(7-1)至公式(7-3)共有 3 个方程，但其中的物理量有 22 个；所以，要建立封闭的方程组，还需要 19 个辅助方程，如公式(7-4)至公式(7-13)所示。

三相饱和度之间自然满足的关系式，1 个：

$$S_o + S_g + S_w = 1 \tag{7-4}$$

溶解气油比方程，1 个：

$$R_{so} = R_{so}(p_o) \tag{7-5}$$

相间毛管力方程，2 个：

$$\begin{cases} p_g - p_o = p_{cgo}(x, \ y, \ z, \ S_g) = p_{cog}(x, \ y, \ z, \ S_g) \\ p_o - p_w = p_{cwo}(x, \ y, \ z, \ S_w) = p_{cow}(x, \ y, \ z, \ S_w) \end{cases} \tag{7-6}$$

相体积系数方程，3 个：

$$\begin{cases} B_o = B_o(p_o) \\ B_g = B_g(p_g) \\ B_w = B_w(p_w) \end{cases} \tag{7-7}$$

相黏度方程，3 个：

$$\begin{cases} \mu_o = \mu_o(p_o) \\ \mu_g = \mu_g(p_g) \\ \mu_w = \mu_w(p_w) \end{cases} \quad (7-8)$$

各相的相对渗透率方程，3个：

$$\begin{cases} K_{ro} = K_{ro}(x, \ y, \ z, \ S_g, \ S_w) \\ K_{rg} = K_{rg}(x, \ y, \ z, \ S_g) \\ K_{rw} = K_{rw}(x, \ y, \ z, \ S_w) \end{cases} \quad (7-9)$$

油藏地质构造及岩石物性参数方程，3个：

$$\alpha(x, \ y, \ z) = \begin{cases} A(x) & , \ \text{一维油藏} \\ H(x, \ y) & , \ \text{二维油藏} \\ 1 & , \ \text{三维油藏} \end{cases} \quad (7-10)$$

$$\phi = \phi(x, \ y, \ z, \ p) \quad (7-11)$$

$$K = K(x, \ y, \ z) \quad (7-12)$$

油、气、水注采速度方程，3个：

$$\begin{cases} q_{oVsc} = q_{oVsc}(x, \ y, \ z, \ t) \\ q_{gVsc} = q_{gVsc}(x, \ y, \ z, \ t) \\ q_{wVsc} = q_{wVsc}(x, \ y, \ z, \ t) \end{cases} \quad (7-13)$$

上述各式中$(x, \ y, \ z)$为直角坐标，适用于三维情况；若是二维或一维情况，则将换成$(x, \ y)$或(x)。公式(7-4)至公式(7-13)共包括19个辅助方程，与公式(7-1)至公式(7-3)的3个方程一起组成完整的黑油模型方程组。

公式(7-4)至公式(7-13)所示的19个辅助方程包含目标油藏的全面的数据资料，这些资料来自地质与开发、室内与现场的各种研究成果，以及油藏实际生产数据。只有将所有辅助方程与渗流控制方程式公式(7-1)至公式(7-3)相结合，才能求解油藏模型。这也就意味着，必须将油藏的各方面资料数据全部利用，全面掌握油藏的性质特点，才能对油藏开发过程进行正确的数值模拟预测，从而对油藏开发提供有力帮助。

2. 建立数值模型

1）数学模型的离散化

离散化是将偏微分方程近似为易于求解的代数方程组的过程，即将连续的物理关系在数值域中以有限个相互联系的单元体间的物理关系近似表示，以便进行数值计算。在油气藏数值模拟中，有限差分法是广泛采用的离散化技术，通过差商近似偏导数，以差分方程替代微分方程。

2）建立线性方程组

非线性系数项的线性化方法包括显式方法、半隐式方法、全隐式方法。通过差分离散化，一维渗流方程可转化为三对角方程组，二维渗流方程转化为五对角方程组，而三维渗流方程则转化为七对角方程组，相应的系数矩阵分别为三对角矩阵、五对角矩阵和七对角矩阵。

3）线性方程组求解

线性方程组的求解方法包括直接解法（如高斯消去法、主元素消去法、D4方法等）和迭代解法（如交替方向隐式方法、超松弛方法、强隐式方法等）。

3. 建立计算机模型

将数学模型的计算方法编写成计算机程序，以便于使用软件进行计算并获取所需结果。程序设计要求包括用户友好的输入接口、清晰的输出显示、便于在不同计算机平台上的移植、可重现的启动功能、易于错误查询和修改等。

油气藏数值模拟通过数值方法求解微分方程，误差在所难免。然而，通过深入了解误差产生的原因，可以在输入数据时采取措施，尽量减少计算误差。

数值模拟的核心在于计算的精确性与效率。计算精度受到离散化处理水平的影响，而离散化程度又直接关联到计算的速率。二者之间存在固有的矛盾，因此，在实际应用中，需根据具体问题的需求权衡离散化程度与计算速度，以达到最佳的模拟效果。

7.1.2　油气藏数值建模与优化方法

1. 明确油藏工程问题

在进行油藏模拟前，需基于油藏的实际开发历程及研究目标，明确模拟的具体目的与需求。这包括识别待解决的问题、评估模拟的必要性与经济可行性。

2. 模型选择

在选择油藏模型时，必须基于正确的油藏渗流机理分析和对研究问题的深入理解。考虑因素包括流体性质（如天然气、凝析气、挥发性油、黑油和稠油）以及开采条件和注入流体类型（如蒸汽、气体、化学剂）。

以下是针对不同油藏类型和开发技术的模型选择示例：①对于没有活跃边缘和底水的气藏，可采用简单的单相气体渗流模型；②对于常规原油（不发生反凝析现象的油藏），当采用注水开发且保持油藏压力（p）高于泡点压力（p_b）时，适合使用油水两相模型；③对于凝析气藏和高挥发轻质油藏，适宜选择组分模型；④对于裂缝油藏，需要具体分析是双孔单渗还是双孔双渗模型；⑤对于热力驱、化学驱或混相驱等特殊开发方法，应选用相应的特殊模型。

3. 模拟策略制定

在进行油藏工程模拟时，需根据所要解决的具体问题，细致地构建模型。这包括：①确定是进行全油田的整体模拟，还是仅针对特定区块或井组的局部模拟；②决定在整体模拟中是采取一次性整体模拟，还是分阶段逐步进行模拟。

4. 基础资料输入

基础资料包括：①油气藏描述资料，如油藏构造、油层厚度、孔隙度、渗透率、油层深度和原始地层压力等；②流体性质资料，如压力与黏度关系、压力与体积系数关系、压力与压缩系数关系等；③特殊岩芯分析资料，如饱和度与相对渗透率之间的关系、饱和度与毛管力之间的关系等；④生产井和注入井的数据，如各井的产量或注入量、井底流动压力等。

在油藏模拟过程中，模型的构建依赖于大量数据，这些数据量通常极为庞大，范围从数千到数万甚至更多。由于数据复杂性和来源多样性，错误的出现几乎是不可避免的。因此，在进行模型拟合前，对数据的严格审查至关重要。数据审查应涵盖多个方面：①不同数据来源之间的相互校核，特别是渗透率等关键参数的匹配；②模拟器的自动检查，以确保数据质量；③人工检查，通过专业人员的专业知识识别和修正可能的错误。

5. 灵敏度试验

通过变动影响油气田开发指标（如产量、压力、含水、含气、油气比等）的地质静态资料、流体性质资料和特殊岩芯分析资料，将这些变化输入软件中，观察其对开发指标的影响。灵敏度试验有助于识别对开发指标有显著影响的参数，从而对这些参数进行精确校准。

6. 历史拟合

将已知的地质资料、流体性质资料、特殊岩芯分析资料以及实测的生产历史资料输入软件，对比计算结果与实测的开发指标。若计算结果与实测结果存在较大差异，表明输入数据可能与油气田实际状况不符。此时，可根据灵敏度试验结果逐步调整输入数据，以减小计算结果与实测结果之间的差异。

历史拟合可分为手动和自动两种方式进行。

手动历史拟合过程中，油藏模拟工程师通过交互式运行模型，不断比较模型输出与现场数据，进而调整模型参数，直至模型结果与历史数据之间差异最小化。这一过程本质上是迭代试验，旨在最小化模型预测与实际观测之间的差异。

自动历史拟合方法则分为确定性方法和随机方法。确定性方法基于反演理论，其中基于梯度的方法是最常用的技术，其目标是最小化目标函数对模型参数（如孔隙度、渗透率等）的梯度。随机方法则模拟手动试验过程，其中遗传算法和实验设计被认为是最有效的方法。

需注意的是，历史拟合得到的模型并不一定能确保其合理性，因为存在多个参数不同的模型可能均能匹配现场观测数据的情况（历史拟合本质上是一个反演问题，因此不存在唯一解）。因此，即便拟合得到的模型能够很好地匹配历史数据，其预测结果仍可能存在差异。

7. 实验设计

在油藏工程实践中，利用油藏模型模拟各种开发方案，旨在预测油藏的最大经济采收率。鉴于测试不同方案对于理解油藏在不同条件下的生产性能至关重要，每个方案通常涉及多个实现情况。然而，模拟所有可能的实现情况不仅耗费时间，而且成本高昂。因此，油藏工程师追求以最低的成本进行最少的模拟，以获取最大的信息量。在此背景下，实验设计成为优化流程、降低成本和时间的一个有效工具。通过实验设计，能够获得可靠、真实且有意义的数据和结论，这些数据和结论对于指导方案设计至关重要。当数据存在不确定性时，实验设计是分析不确定性因素的最有效方法之一。

实验设计还可广泛应用于研究单一或多个因素对油藏模拟或某项措施效果的影响。核心理念在于，油藏的生产性能受控于一些关键因素，这些因素会对油藏的产量产生影响。通过实验设计，能够识别并调整这些关键参数，以最大化油气产量，并实现最优的油藏开发效果。

8. 动态预测

在历史拟合的基础上，对未来的开发指标进行计算。这包括根据规定的产量变化预测地层压力和饱和度的变化，以及根据规定的井底流动压力变化预测油气水产量、地层压力和饱和度的变化。

9. 报告形成

最后，对模拟结果和经费预算进行整理和分析，提出优化建议，并形成详细的报告。

7.2 智能油气藏开发技术

7.2.1 智能化技术

智能化技术是指利用计算机科学、信息技术、自动化技术、物联网技术等手段，对油气田开发过程中的数据进行采集、处理、分析和应用的一系列技术。在油气田开发中，智能化技术具有重要作用，可以提高油气田的开发效率和经济效益，实现油气田的可持续发展。

1. 大数据技术

大数据技术是指在海量数据中发现有价值信息的一系列技术。在油气田开发中，大数据技术可以用于处理和分析地质、地球物理、地球化学、生产、财务等各种数据，为油气田开发提供数据支持。通过大数据技术，可以挖掘油气田开发过程中的规律和趋势，为决策提供依据。例如，利用大数据技术分析生产数据，可以发现油气井的生产规律，优化生产策略；利用大数据技术分析地质数据，可以识别油气藏的潜在开发目标，提高勘探成功率。

2. 人工智能技术

人工智能技术是指使计算机具有人类智能的一系列技术，包括机器学习、深度学习、自然语言处理等。在油气田开发中，人工智能技术可以用于油气藏建模、油藏模拟、生产优化等方面。通过人工智能技术，可以实现对油气藏的精准描述，提高油藏模拟的准确性；可以自动调整生产参数，实现油气井的智能优化；还可以进行风险评估和决策支持，降低油气田开发的风险。

在实际应用中，大数据技术和人工智能技术常常相互结合，形成数据驱动的智能决策系统。例如，先通过大数据技术采集和处理海量数据，然后利用人工智能技术进行数据分析和预测，为油气田开发提供智能化的决策支持。这样的系统可以实时监测油气田的生产情况，自动调整生产策略，提高油气田的开发效率和经济效益。

7.2.2 智能油气田开发技术

智能油气田开发技术是利用人工智能、大数据、云计算、物联网等现代信息技术手段，对油气田的开发过程进行智能化管理和优化，提高油气田的开发效率和经济效益，降低开发成本和风险。在油气田开发中，智能化技术的应用主要包括智能油藏研究技术、智能开发方案设计与跟踪技术、智能油藏管理技术等方面。

7.2.2.1 智能油藏研究技术

智能油藏研究技术主要包括数智岩芯、试井智能解释、油层物理参数预测等技术。数智岩芯技术通过人工智能算法对岩芯图像进行重建，从而实现对油藏岩石结构的精准描

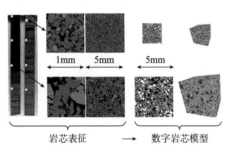

图7-3 数智岩芯技术示意图

述，如图7-3所示。试井智能解释技术则利用机器学习方法对试井数据进行智能分析，快速准确地解释油井的生产动态。基于神经网络技术的岩芯参数预测方法是一种采用人工神经网络模型预测岩芯参数的技术。首先，收集大量岩芯数据，包括岩芯物理性质、地质条件、钻井参数等。其次，利用这些数据训练神经网络模型，使其能够自动学习和识别出数据之间的隐藏规律和关。这些技术的应用，使得油藏研究更加精细化、高效化，为油藏开发提供了准确的地质和工程依据。

7.2.2.2 智能开发方案设计与跟踪技术

智能开发方案设计与跟踪技术是指利用人工智能方法辅助油藏工程师进行开发方案的设计和实时调整。该技术可以根据历史数据和实时数据，结合油藏的地质特征和生产规律，智能地推荐最优的开发方案。同时，该技术还可以对已实施的开发方案进行实时跟踪和效果评估，根据实际情况进行及时调整，以提高油藏的开发效果和经济效益。

7.2.2.3 智能油藏管理技术

智能油藏管理技术是指利用人工智能方法对油藏的生产、运营和维护进行智能化管

理。该技术可以对油藏的生产数据进行实时监测和分析，自动识别和预警油藏的生产异常。同时，该技术还可以根据油藏的实际情况，智能地调整生产参数，优化油藏的运营和维护策略。通过智能油藏管理技术的应用，可以提高油藏的管理效率和水平，降低油藏的开发成本和风险。

7.3 低碳油气藏开发技术

低碳技术是指在油气田开发过程中，通过减少温室气体排放、提高能源利用效率、增加清洁能源比例等措施，实现油气田开发全过程的低能耗、低排放、高效益的技术。低碳技术主要包括节能减排技术、清洁能源技术、碳捕集与封存技术(carbon capture and storage，缩写为CCS)等。

1. 伴生气回收利用技术

伴生气回收利用技术是指在油气田开发过程中，对产生的伴生气进行回收和利用，减少天然气资源的浪费，降低温室气体排放。伴生气回收利用技术主要包括天然气回收技术、液化天然气(LNG)技术、压缩天然气(CNG)技术等。这些技术的应用，可以提高油气田的资源利用率，降低能耗和排放，实现油气田开发的低碳化。

天然气回收技术主要包括吸收法、吸附法、冷凝法等。其中，吸收法是通过向伴生气中注入吸收剂，使其中的有害气体成分被吸收剂吸收，从而实现净化。吸附法则是利用吸附剂对伴生气中的有害气体进行吸附，实现净化。冷凝法则是通过降低温度，使伴生气中的气体成分冷凝，从而实现分离。

2. CO_2 捕集封存与利用

CO_2 捕集封存与利用技术是油气田开发低碳技术的重要组成部分。其中，CO_2 驱油技术是一种典型的碳捕集与封存技术，通过将二氧化碳注入油藏，提高油藏的压力和油与气的相对渗透率，从而提高油的开采效率。CO_2 驱油技术不仅可以提高油气田的开发效益，还可以将二氧化碳永久封存于地下，减少温室气体排放。

CO_2 驱油技术的流程主要包括以下几个环节。

①CO_2 捕集：通过吸收、吸附、冷凝等方法，将工业排放的二氧化碳捕集起来。例如，可以通过碱性溶液吸收工业排放的二氧化碳，形成碳酸盐。

②CO_2 运输：将捕集到的二氧化碳通过管道、船舶等方式运输到油气田。这需要考虑二氧化碳的运输安全性，以及运输过程中的泄漏和排放问题。

③CO_2 注入：将二氧化碳注入油藏，进行驱油和封存。注入前需要进行井筒准备，包括清洗井筒、安装注入设备等。

④CO_2 监测与评估：对注入油藏的二氧化碳进行监测和评估，确保其安全有效地封存。这包括监测二氧化碳的注入量、分布情况、封存效果等。

3. 含油污泥资源化利用

含油污泥资源化利用技术是指将含油污泥作为一种资源，进行调剖、调驱等技术处理，提高油气田的开发效果。调剖技术是通过向油藏注入特定的化学剂，改变油藏的孔隙结构和流体分布，提高油藏的渗透率，从而提高油的开采效率。调驱技术则是通过向油藏注入水或气体等驱动剂，推动油藏中的油向井口移动，提高油的开采效果。

含油污泥资源化利用技术的流程主要包括以下几个环节。

①含油污泥的采集与预处理：采集油气田生产过程中产生的含油污泥，然后进行预处理，包括去除大颗粒物质、调节污泥 pH 值、破乳等，以提高污泥的处理效果。

②调剖剂或调驱剂的配制：根据油藏的特性和污泥的性质，配制适合的调剖剂或调驱剂。调剖剂通常是一些高分子聚合物或化学剂，而调驱剂通常是水或气体等。

③注入油藏：将配制好的调剖剂或调驱剂通过注井设备注入油藏。注入过程中需要控制注入速率、注入量和注入压力，以确保调剖或调驱效果。

④效果监测与评估：在注入调剖剂或调驱剂后，对油藏的压力、产量、流体性质等进行监测和评估，以确定调剖或调驱效果的好坏。

4. 稠油冷采技术

稠油冷采技术是一种无需注蒸汽或其他热能的稠油开采方法。利用油藏本身的能量，通过改变油藏的物理和化学性质，降低稠油的黏度，提高其流动性，从而实现稠油的开采。稠油冷采技术主要包括物理方法、化学方法和生物方法等。

物理方法是通过改变油藏的压力和温度，提高稠油的流动性。例如，通过水力压裂技术，增加油藏的压力，从而提高稠油的流动性。化学方法是通过向油藏注入化学剂，改变稠油的物理和化学性质，降低其黏度，提高其流动性。例如，通过注入表面活性剂或聚合物，降低稠油的黏度，提高其流动性。生物方法是通过向油藏注入微生物，利用微生物的代谢作用，改变稠油的物理和化学性质，降低其黏度，提高其流动性。例如，通过注入特定的微生物，利用微生物的代谢作用，降低稠油的黏度，提高其流动性。

5. 清洁能源技术

清洁能源在油田开发工程中的应用变得越来越重要。这些技术不仅可以减少对环境的污染，还可以提高油田的开发效率和经济效益。

1）太阳能技术

太阳能技术是利用太阳光能将太阳能转化为电能或热能的技术。在油田开发中，太阳能技术可以用于驱动抽油机、加热原油和热水驱油等。

太阳能抽油机是通过太阳能电池板将太阳光能转化为电能，从而驱动抽油机工作。这种方法可以显著降低油田的能耗和运营成本，并且对环境没有污染。

太阳能加热技术可以利用太阳光能将水或空气加热，从而提高原油的温度和流动性，促进原油的采收率。这种方法可以减少对化石燃料的依赖，降低对环境的污染。

2）地热能技术

地热能技术是利用地球内部的热能加热原油或驱动抽油机的技术。在油田开发中，地热能技术可以用于提高原油的温度和流动性，以及降低能耗和运营成本。

地热加热技术是通过注入地下水来加热原油，从而提高原油的温度和流动性。这种方法可以提高原油的采收率，减少对化石燃料的依赖，降低对环境的污染。

地热发电技术是通过利用地球内部的热能来产生电能。在油田开发中，地热发电技术可以用于驱动抽油机和其他设备工作。这种方法可以显著降低油田的能耗和运营成本，并且对环境没有污染。

实践与思考

1. 油田数智与低碳开发技术调研

（1）调研目的：深入了解油田数智与低碳开发技术的现状和发展趋势，为油田的可持续发展提供参考。

（2）调研对象：选取国内外在数智与低碳开发技术方面具有先进经验的油田，如大庆油田、长庆油田、挪威 Statoil 油田等。

（3）调研内容：重点围绕数智技术在油田勘探、开发、生产中的应用，以及低碳开发技术的研究与实践等方面展开。

（4）调研安排：查阅文献（3 天）、资料分析（2 天）、撰写报告（2 天）。

（5）调研报告：详细阐述调研结果，并提出相关建议和改进措施。

2. 课后思考题

（1）简述油气藏数值建模与优化步骤。

（2）简述智能化手段在油气藏工程的应用。

（3）简述低碳技术在油气藏工程的应用。

（4）CO_2 驱油技术的流程主要包括哪几个环节？

课外书籍与自学资源推荐

1. 书籍《油藏数值模拟》

作者：刘月田

出版社：石油工业出版社

出版时间：2021 年

推荐理由：本书内容丰富，主要包括三部分：第一部分为基础部分，介绍了油藏数值模拟的概念、数学模型的建立及离散化方法等；第二部分为专业部分，详细介绍了各种典型油气藏的数值模拟理论与方法；第三部分为应用部分，阐述了实际油藏数值模拟的方法步骤、软件使用方法及实际应用实例等。此外，书中还简要介绍了油藏数值模拟的现行技术及发展趋势。这本书对于油藏工程专业的学生和自学者来说，是一本极具价值的参考书。不仅系统地阐述了油藏数值模拟的理论和方法，还提供了丰富的实际应用案例，有助于读者更好地理解和掌握油藏数值模拟技术。通过阅读这本书，学生可以拓宽知识面，提高油藏工程领域的专业素养。同时，本书的内容与实际油藏工程应用紧密相连，有助于读者将理论知识运用到实际工作中。

2. 书籍《Data Analytics in Reservoir Engineering》

作者：Sathish Sankaran 等

出版社：SPE 出版社

出版时间：2020 年

推荐理由：全书专注于数据分析对油藏工程应用的影响，尤其强调通过数据分析描述油藏参数、分析和建模油藏行为，以及预测性能，从而转变决策过程。这本书的重要性在于其提供了一个桥梁，将传统的油藏工程技术与现代数据科学技术结合起来。通过阅读本书，学生和专业人士不仅能够深入理解油藏的动态行为，还能学习如何利用先进的分析工具来优化开采策略和提高采收率。

3. 书籍《CO_2 与地质能源工程》

作者：朱道义

出版社：中国石化出版社

出版时间：2023 年

推荐理由：本书以地质能源工程为主线，详细介绍了 CO_2 基础知识及 CO_2 在地质能源工程中的应用原理与工艺方法等。书中内容包括 CO_2 及其基本性质、CO_2 在地层中的性质、CO_2 与油田开发工程、CO_2 与气田开发工程以及 CO_2 捕集、利用与封存（CCUS）技术方面的主要内容。这些内容与碳中和背景下地质能源开发的需求相契合。通过阅读这本书，学生可以深入了解 CO_2 在地质能源工程中的应用，拓宽知识面，提高油藏工程领域的专业素养。

附录1 油藏工程术语表

术语	符号	名词解释
油藏工程		依据详探成果和必要的生产性开发试验，在综合研究的基础上对具有商业价值的油田，从油田的生产实际情况和生产规律出发，制订出合理的开发方案并对油田进行建设和投产，使油田按预定的生产能力和经济效果长期生产，直至开发结束。油藏工程是一门以油层物理和渗流力学为基础，进行油田开发设计和工程分析方法的综合性石油科学技术
油藏描述		对油藏开发地质的全面综合描述
试油		在油井完成后(固井、射孔)，把某一层的油气水从地层中诱到地面上来，并经过专门测试取得各种资料的工作。一般时间较短
试采		开采试验。试油后，以较高的产量生产，通过试采，暴露出油田生产中的矛盾，以便在编制方案中加以考虑
生产试验区		对于准备开发的大油田，在详探程度较高和地面建设条件比较有利的地区，先规划出一块具有代表性面积，用正规井网正式开发作为生产试验区，开展各种生产试验
工业价值		开采储量能补偿勘探开发及附加费用
基础井网		在油藏描述和试验区开发试验的基础上，以某一主要含油层为目标而首先设计的基本生产井和注水井，是开发区的第一套正式开发井网
油气藏		在单一圈闭中具有统一压力系统的油气聚集
油气田		受同一局部构造面积内控制的油气藏的总和
双重介质油藏		存在天然裂缝的油藏，常规为两种孔隙介质组成，即基质岩块介质和裂缝介质
正常压力系统油藏		油藏内流体的压力(即油藏压力或孔隙压力)等于或相当于其埋深的静水压力，二者的比值在0.9~1.1之间。这种情况下油藏的压力称为正常压力。油藏称为正常压力系统油藏
地质储量	N	在地层原始条件下，具有产油气能力的储集层中石油或天然气的总量
储量丰度	Ω_o	单位面积的储量，$\Omega_o = N/A$
单储系数	SNF	单位含油气体积内油气的总量
可采地质储量		技术经济条件下，有可能开采的原油的地质储量，随技术经济条件而发生改变
开发方式		油田开发驱油能量的类型，或者某种驱动能量的驱动过程

续表

术语	符号	名词解释
无因次弹性产量	N_{pr}	累计产量与依靠弹性开采出的累计产量的比值
单储压降		每采出1%地质储量的压降值
重力驱动		依靠自身重力将原油泄流到井底的驱油方式
开发层系划分		把特征相近的油层组合在一起，用独立的一套开发井网进行开发，并以此为基础进行生产规划、动态研究和调整
开发层系		特征相同或相似的油藏组合在一起，采用单独一套井网进行开发
早期注水		油井投产的同时注水，或在油层压力下降到饱和压力之前注水，使油层压力始终保持在饱和压力以上或原始油层压力附近
晚期注水		开采初期依靠天然能量开发，在溶解气驱之后注水或天然能量枯竭以后注水
中期注水		初期依靠天然能量开采，当地层压力下降到饱和压力以下，气油比上升到最大值之前开始注水
注水方式		也称注采系统，即注水井在油层所处的地位和注水井与生产井之间的排列关系
行列注水方式		注水井和生产井排列关系为一排生产井和一排注水井相互间隔的面积注水方式
边缘注水		将注水井按一定的形式布署在油水过渡带附近进行注水
面积注水		是指将注水井和采油井按一定的几何形状和密度均匀地布置在整个开发区上的注水方式
井网密度	S	单位面积上的井数，或平均单井所控制的面积
面积波及系数	E_A	驱替剂(水)波及面积与井网面积比值(或者水波及区在井网面积中所占的比例)
采油速度	v	年采油量占地质储量的百分数
采油指数	J	单位压差下的采油量(Q)
流度比	M	水的流度与原油流度之比，$M=\lambda_w/\lambda_o$
含水率	f_w	即水的分流量
含水上升率	f'_w	含水率对含水饱和度(S_w)的导数
注入孔隙体积倍数	I_{pv}	累计注入量与孔隙体积之比
采收率	R	阶段可采储量占原始地质储量的百分比，$R=N_p/N$
试井分析		应用渗流力学理论，分析试井数据，反求油层和井的动态参数，是渗流理论在开发中的直接应用，也是检验油气渗流理论正确与否或符合油田实际的重要方法
不稳定试井		通过改变采油井、气井、注水井的工作制度，使井底压力发生变化，根据井底压力变化资料研究油井、气井、注水井控制范围内的地层参数、井的完善程度，推算目前地层压力，判断井附近断层的位置以及封闭情况等的试井方法
井筒储存效应		在压降或压力恢复试井中，由于井内流体的压缩性或其他原因，往往会出现在油井开和关井时，地面流量和地下流量不相等，出现了续流和井筒储存现象，而这两种现象对压力降试井和压力恢复试井产生的影响称为井筒储存效应

术语	符号	名词解释
续流		关井后，由于与地层连通的井筒中的流体是可压缩的，故地层中的流体会继续流入井筒
采出程度	R	累计产量占原始地质储量的百分比，$R = N_p/N_o$
导压系数	η	表征地层压力波传导的速率，物理意义为单位时间内压力波传播的地层面积，$\eta = \dfrac{K}{\phi \mu C_t}$
地层流动系数	Kh/μ	表示流体在地层中流动难易程度的参数
地层系数	Kh	表示油井产能大小的参数
表皮效应		地层受到损害或改善，井筒附近地层渗透率发生变化，在渗流过程中存在附加的压力降
表皮系数	S	表皮效应影响大小用无因次常数 S 表示
驱动指数		某种驱动能量占总驱动能量的百分比
水侵系数	K_2	单位时间、单位压降下侵入到油藏中的水量
饱和油藏		原始地层压力等于或低于泡点(饱和)压力时的油藏
产量递减率	D	单位时间的产量变化率，$D = -\dfrac{1}{Q}\dfrac{\mathrm{d}Q}{\mathrm{d}t}$
周期注水		周期性地改变注入量和采储量，在地层中造成不稳定的压力场
驱油效率	E_D	注入水或者溶剂波及的孔隙体积中采出的油量与被注水波及的地质储量之比

附录 2 单位换算表

参数名称	SI 制实用单位	达西混合实用单位	达西美制实用单位	换算关系
长度	m	m	ft	$1\text{m}\approx3.28084\text{ft}$ $1\text{ft}\approx0.3048\text{m}$
地层厚度	m	m	ft	$1\text{m}\approx3.28084\text{ft}$ $1\text{ft}\approx0.3048\text{m}$
面积	m^2	m^2	ft^2	$1\text{m}^2\approx10.7639\text{ft}^2$ $1\text{ft}^2\approx0.09290304\text{m}^2$
时间	h	h	h	—
压力	MPa	atm	psi	$1\text{MPa}\approx9.86923\text{atm}\approx145.038\text{psi}$ $1\text{atm}\approx0.101325\text{MPa}\approx14.6959\text{psi}$ $1\text{psi}\approx0.00689476\text{MPa}\approx0.068046\text{atm}$
压缩系数	MPa^{-1}	atm^{-1}	psi^{-1}	$1\text{MPa}^{-1}\approx0.101325\text{atm}^{-1}\approx0.006895\text{psi}^{-1}$ $1\text{atm}^{-1}\approx9.86923\text{MPa}^{-1}\approx0.068046\text{psi}^{-1}$ $1\text{psi}^{-1}\approx145.038\text{MPa}^{-1}\approx14.6959\text{atm}^{-1}$
流速	m/d	m/d	ft/d	$1\text{m/d}=3.28084\text{ft/d}$ $1\text{ft/d}=0.3048\text{m/d}$
产量	m^3/d	m^3/d	bbl/d	$1\text{m}^3/\text{d}\approx6.304\text{bbl/d}$ $1\text{bbl/d}\approx0.1589873\text{m}^3/\text{d}$
流体密度	t/m^3	g/cm^3	lb/ft^3	$1\text{t/m}^3=1\text{g/cm}^3=3.6154\text{lb/ft}^3$ $1\text{lb/ft}^3=16.0185\text{t/m}^3=16.0185\text{g/m}^3$
渗透率	μm^2	D	mD	$1\mu\text{m}^2\approx1\text{D}\approx1000\text{mD}$ $1\text{mD}\approx0.001\mu\text{m}^2$
地层原油黏度	$\text{mPa}\cdot\text{s}$	cP	cP	$1\text{mPa}\cdot\text{s}=1\text{cP}$ $1\text{cP}=1\text{mPa}\cdot\text{s}$

【附录例 1】

将下面在达西混合实用单位下的平面径向流流量公式转换为 SI 制实用单位下的形式。

$$Q(\text{cm}^3/\text{s})=\frac{2\pi K(\text{D})h(\text{cm})p(\text{atm})}{\mu(\text{cP})B\ln\dfrac{r_e(\text{cm})}{r_w(\text{cm})}} \qquad (\text{F}-1)$$

式中，（　）表示该变量的单位。转换为 SI 制实用单位的方法为，将各变量乘以相应的因子：

$$Q(\mathrm{cm^3/s})\left[\frac{\mathrm{m^3/d}}{\mathrm{cm^3/s}}\right] = \frac{2\pi K(\mathrm{D})\left[\frac{\mu\mathrm{m^2}}{\mathrm{D}}\right]h(\mathrm{cm})\left[\frac{\mathrm{m}}{\mathrm{cm}}\right]p(\mathrm{atm})\left[\frac{\mathrm{MPa}}{\mathrm{atm}}\right]}{\mu(\mathrm{cP})\left[\frac{\mathrm{mPa\cdot s}}{\mathrm{cP}}\right]B\ln\dfrac{r_e(\mathrm{cm})\left[\frac{\mathrm{m}}{\mathrm{cm}}\right]}{r_w(\mathrm{cm})\left[\frac{\mathrm{m}}{\mathrm{cm}}\right]}} \quad (\mathrm{F}-2)$$

式中，[　]为达西混合实用单位。转换为 SI 制实用单位的相乘因子，即：

$$\left[\frac{\mathrm{m^3/d}}{\mathrm{cm^3/s}}\right]=11.574,\ \left[\frac{\mu\mathrm{m^2}}{\mathrm{D}}\right]=1.013,\ \left[\frac{\mathrm{m}}{\mathrm{cm}}\right]=100,\ \left[\frac{\mathrm{MPa}}{\mathrm{atm}}\right]=9.869,\ \left[\frac{\mathrm{mPa\cdot s}}{\mathrm{cP}}\right]=1$$

将上述各因子代入后，经整理得到 SI 制实用单位下的形式为：

$$Q(\mathrm{m^3/d})=\frac{1}{1.842\times10^{-3}}\frac{K(\mu\mathrm{m^2})h(\mathrm{m})p(\mathrm{MPa})}{\mu(\mathrm{mPa\cdot s})B\ln\dfrac{r_e(\mathrm{m})}{r_w(\mathrm{m})}} \quad (\mathrm{F}-3)$$

【附录例 2】

将下面在达西混合实用单位下的无限大地层定产量条件弹性不稳定渗流压力变化公式转换为 SI 制实用单位下的形式。

$$p_{wf}(\mathrm{atm})=p_i(\mathrm{atm})-\frac{Q(\mathrm{cm^3/s})\mu(\mathrm{cP})B_o}{4\pi K(\mathrm{D})h(\mathrm{cm})}\left(\ln\frac{2.25\eta(\mathrm{D\cdot atm/cP})t(\mathrm{s})}{r_w^2(\mathrm{cm})}+2S\right) \quad (\mathrm{F}-4)$$

式中，（　）表示该变量的单位。转换为 SI 制实用单位的方法为，将各变量乘以相应的因子：

$$p_{wf}(\mathrm{atm})\left[\frac{\mathrm{MPa}}{\mathrm{atm}}\right]=p_i(\mathrm{atm})\left[\frac{\mathrm{MPa}}{\mathrm{atm}}\right]$$

$$-\frac{Q(\mathrm{cm^3/s})\left[\frac{\mathrm{m^3/d}}{\mathrm{cm^3/s}}\right]\mu(\mathrm{cP})\left[\frac{\mathrm{mPa\cdot s}}{\mathrm{cP}}\right]}{4\pi K(\mathrm{D})\left[\frac{\mu\mathrm{m^2}}{\mathrm{D}}\right]h(\mathrm{cm})\left[\frac{\mathrm{m}}{\mathrm{cm}}\right]}\left(\ln\frac{2.25\eta\left[\frac{\mu\mathrm{m^2\cdot MPa/(mPa\cdot s)}}{\mathrm{D\cdot atm/cP}}\right]t(\mathrm{s})\left[\frac{\mathrm{h}}{\mathrm{s}}\right]}{r_w^2(\mathrm{cm})\left[\frac{\mathrm{m}}{\mathrm{cm}}\right]}+2S\right)$$

$$(\mathrm{F}-5)$$

式中，[　]为达西混合实用单位。转换为 SI 制实用单位的相乘因子，即：

$$\left[\frac{\mathrm{MPa}}{\mathrm{atm}}\right]=9.869,\ \left[\frac{\mathrm{m^3/d}}{\mathrm{cm^3/s}}\right]=11.574,\ \left[\frac{\mathrm{mPa\cdot s}}{\mathrm{cP}}\right]=1,\ \left[\frac{\mu\mathrm{m^2}}{\mathrm{D}}\right]=1.013,\ \left[\frac{\mathrm{m}}{\mathrm{cm}}\right]=100,\ \left[\frac{\mathrm{h}}{\mathrm{s}}\right]=60$$

将上述各因子代入后，经整理得到 SI 制实用单位下的形式为：

$$p_{wf}(\mathrm{MPa})=p_i(\mathrm{MPa})$$

$$-\frac{2.121\times10^{-3}Q(\mathrm{m^3/d})\mu(\mathrm{mPa\cdot s})B_o}{K(\mu\mathrm{m^2})h(\mathrm{m})}\left(\ln\frac{\eta\{\mu\mathrm{m^2\cdot MPa/(mPa\cdot s)}\}t(\mathrm{h})}{r_w^2(\mathrm{m})}+0.9077+0.8686S\right)$$

$$(\mathrm{F}-6)$$

附录3 油藏工程部分方程推导

【方程1】一维地层分流量方程(公式3-20)

研究一维不稳定驱替，假设条件如下：(1)油水两相流动，且运动方向相同；(2)岩石是水湿的；水驱油过程；(3)不考虑流体的压缩性，视为刚性流体；(4)毛细管力与重力在瞬间达到平衡。毛管力和重力差使流体饱和度达到纵向上的平衡；(5)油层物性均质，不考虑非均质特征。

考虑一维、重力和毛管力作用下的出口端面动态(含水率)，已知端面截面积A，岩石的绝对渗透率K，流体黏度μ_o和μ_w，密度μ_o和μ_w。油层(x方向)与水平面成角度α，注水线位于$x=0$处，生产井排位于$x=L$处，注采井排间的压差保持为Δp，如附图3-1所示。为了推导方便，以下均采用达西单位制。

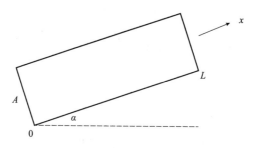

附图3-1 线性驱替坐标系统

根据单相达西方程：

$$Q = -\frac{KA}{\mu B} \times \frac{\Delta p}{\Delta L} \qquad (F-7)$$

则油相和水相的运动方程分别为：

$$Q_o = -\frac{KK_{ro}A}{\mu_o B_o}\left(\frac{\partial p_o}{\partial x} + \rho_o g\sin\alpha\right) \qquad (F-8)$$

$$Q_w = -\frac{KK_{rw}A}{\mu_w B_w}\left(\frac{\partial p_w}{\partial x} + \rho_w g\sin\alpha\right) \qquad (F-9)$$

式中，Q_o为油的体积流量，m^3/d；Q_w为水的体积流量，m^3/d；K为绝对渗透率，$10^{-3}\ \mu m^2$；K_{ro}和K_{rw}分别为油和水的相对渗透率，无量纲；μ_o和μ_w分别为油和水的黏度，$mPa \cdot s$；A为油层的横截面积，m^2；B_o和B_w分别为地层原油和地层水的地层体积系数，无量纲；p_o和p_w分别为油相和水相的压力，MPa；ρ_o和ρ_w分别为油和水的密度，kg/m^3；

α 为油层与水平面的夹角，(°)。

假设地层总产液量(地层总体积流量)Q_t 为：

$$Q_t = Q_o/B_o + Q_w/B_w \qquad (F-10)$$

根据地层分流量的定义，得：

$$Q_w B_w = f_w \times Q_t \qquad (F-11)$$

$$Q_o B_o = (1-f_w) \times Q_t = f_o \times Q_t \qquad (F-12)$$

式中，f_w 为地层分流量，又称地层含水率，指某相体积流量占总体积流量的比值，小数；f_o 地层含油率，小数。

令 $\lambda_o = \dfrac{KK_{ro}}{\mu_o}$ 为油的流度，$\lambda_w = \dfrac{KK_{rw}}{\mu_w}$ 为水的流度，则：

$$-(1-f_w)\frac{Q_t}{\lambda_o A} = \left(\frac{\partial p_o}{\partial x} + \rho_o g\sin\alpha\right) \qquad (F-13)$$

$$-f_w \frac{Q_t}{\lambda_w A} = \left(\frac{\partial p_w}{\partial x} + \rho_w g\sin\alpha\right) \qquad (F-14)$$

由公式(F-13)减公式(F-14)，得：

$$-\frac{Q_t}{\lambda_o A} + \frac{Q_t}{A}f_w\left(\frac{1}{\lambda_o} + \frac{1}{\lambda_w}\right) = \frac{\partial P_c}{\partial x} + (\rho_o - \rho_w)g\sin\alpha \qquad (F-15)$$

式中，

$$\frac{\partial P_c}{\partial x} = \frac{\partial p_o}{\partial x} - \frac{\partial p_w}{\partial x} = \frac{\partial(p_o - p_w)}{\partial x} \qquad (F-16)$$

根据公式(F-15)，求解 f_w 可得：

$$f_w = \frac{\lambda_w}{\lambda_w + \lambda_o} + \frac{\lambda_w\lambda_o A\left[\dfrac{\partial P_c}{\partial x} + (\rho_o - \rho_w)g\sin\alpha\right]}{Q_t(\lambda_w + \lambda_o)} \qquad (F-17)$$

整理，得到考虑毛管力和重力因素条件下一维地层分流量方程：

$$f_w = \frac{\lambda_w}{\lambda_w + \lambda_o}\left(1 + \frac{\lambda_o A\left[\dfrac{\partial P_c}{\partial x} - \Delta\rho \cdot g \cdot \sin\alpha\right]}{Q_t}\right) \qquad (F-18)$$

式中，$\Delta\rho = \rho_w - \rho_o$。

【方程2】甲型水驱特征方程(公式5-74)

在甲型水驱特征方程推导时的假设条件如下：(1)地层温度恒定；(2)不考虑重力和毛管力作用；(3)刚性水驱，油水同时渗流；(4)服从达西线性渗流定律；(5)油水相对渗透率符合一定关系(附图3-2)，即：

$$\frac{K_{ro}}{K_{rw}} = d\mathrm{e}^{-cS_w} \qquad (F-19)$$

式中，K_{ro} 和 K_{rw} 分别为油相和水相的相对渗透率，无量纲；S_w 为含水饱和度，小数；c 和 d 为储层和流体物性有关的常数。

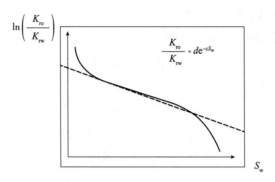

附图 3-2　相对渗透率关系曲线

不考虑重力和毛管力的影响，在水驱的稳定渗流条件下，油和水的相对渗透率比与油相和水相之间存在如下关系：

$$\frac{K_{ro}}{K_{rw}} = \frac{Q_o \mu_o B_o \gamma_w}{Q_w \mu_w B_w \gamma_o}$$
(F-20)

式中，Q_o 为地面产（油）量，10^4 t/a；Q_w 为地面产水量，10^4 t/a；μ_o 和 μ_w 分别为油和水的黏度，mPa·s；B_o 和 B_w 分别为地层原油和地层水的地层体积系数，无量纲；γ_o 和 γ_w 分别为地面脱气原油和地面水的相对密度，无量纲。

根据公式（F-19）和公式（F-20），得：

$$Q_w = Q_o \frac{K_{rw} \mu_o B_o \gamma_w}{K_{ro} \mu_w B_w \gamma_o} = Q_o \frac{\mu_o B_o \gamma_w}{\mu_w B_w \gamma_o} \frac{e^{cS_w}}{d}$$
(F-21)

油田的累计产水量 W_p 可表示为：

$$W_p = \int_0^t Q_w dt = \frac{\mu_o}{\mu_w} \frac{B_o \gamma_w}{B_w \gamma_o} \frac{1}{d} \int_0^t Q_o e^{cS_w} dt$$
(F-22)

根据累计产油量 N_p 的公式：

$$N_p = 100 Ah\phi \frac{\gamma_o}{B_{oi}} (\bar{S}_w - S_{wc})$$
(F-23)

对公式（F-23）两边对时间求导，得：

$$Q_o = \frac{dN_p}{dt} = \frac{d\left[100 Ah\phi \frac{\gamma_o}{B_{oi}} (\bar{S}_w - S_{wc})\right]}{dt} / = 100 Ah\phi \frac{\gamma_o}{B_{oi}} \frac{d\bar{S}_w}{dt}$$
(F-24)

在中高含水期，近似取 $\frac{d\bar{S}_w}{dt} \approx \frac{dS_w}{dt}$，则：

$$Q_o = 100 Ah\phi \frac{\gamma_o}{B_{oi}} \frac{dS_w}{dt}$$
(F-25)

将公式（F-25）代入公式（F-22）中，得：

$$W_p = 100 Ah\phi \frac{\gamma_o}{B_{oi}} \frac{\mu_o}{\mu_w} \frac{B_o \gamma_w}{B_w \gamma_o} \frac{1}{d} \int_{S_{wc}}^{S_w} e^{cS_w} dS_w$$
(F-26)

由于

$$\int_{S_{wc}}^{S_w} e^{cS_w} dS_w = (e^{cS_w} - e^{cS_{wc}})/c \qquad (F-27)$$

将公式（F－27）代入公式（F－26）中，以及 $N = 100Ah\phi(1 - S_{wc})$，得：

$$W_P = 100Ah\phi \frac{\gamma_o}{B_{oi}} \frac{\mu_o B_o \gamma_w}{\mu_w B_w \gamma_o} \frac{1}{dc}(e^{cS_w} - e^{cS_{wc}})/c$$

$$= \frac{N}{1 - S_{wc}} \times \frac{\mu_o B_o \gamma_w}{\mu_w B_w \gamma_o} \frac{1}{dc}(e^{cS_w} - e^{cS_{wc}}) \qquad (F-28)$$

$$= D \times (e^{cS_w} - e^{cS_{wc}})$$

令 $C = De^{cS_{wc}}$，则：

$$W_P = De^{cS_w} - C \qquad (F-29)$$

由物质平衡得到：

$$S_w - S_{wc} = \frac{N_P}{N} S_{oi} \qquad (F-30)$$

将公式（F－30）代入公式（F－29）中，得：

$$W_P + C = D\exp\left[c\left(S_{wc} + \frac{N_P}{N}S_{oi}\right) \right] \qquad (F-31)$$

在公式（F－31）两边取常用对数：

$$\lg(W_P + C) = \lg D + \frac{cS_{wc}}{2.303} + \frac{cS_{oi}}{2.303N}N_P \qquad (F-32)$$

若假设 $a_1 = \lg D + \dfrac{cS_{wc}}{2.303}$，$b_1 = \dfrac{cS_{oi}}{2.303N}$，则可得到甲型水驱曲线方程：

$$\lg(W_P + C) = a_1 + b_1 N_p \qquad (F-33)$$

参考文献

[1]Ronald E Terry, J Brandon Rogers. 朱道义(译). 实用油藏工程(第三版)[M]. 北京：石油工业出版社. 2017.

[2]Larry, W Lake, Russell, T Johns, Willian r Rossen, Gary A Pope. 朱道义(译). 提高采收率基本原理[M]. 北京：石油工业出版社. 2019.

[3]朱道义. CO_2 与地质能源工程[M]. 北京：中国石化出版社. 2023.

[4]姜汉桥, 姚军, 姜瑞忠. 油藏工程原理与方法[M]. 东营：中国石油大学出版社. 2006.

[5]刘慧卿, 李俊键, 姜汉桥. 油藏工程原理与方法[M]. 青岛：中国石油大学出版社. 2019.

[6]刘慧卿. 油藏工程原理[M]. 青岛：中国石油大学出版社. 2015.

[7]郭小哲, 王霞, 陈民锋. 油气田开发方案设计[M]. 青岛：中国石油大学出版社. 2012.

[8]Alireza, Bahadori. 朱道义, 陈仕尧(译). 油气藏流体相态特征[M]. 北京：石油工业出版社. 2020.

[9]傅程. 油藏工程基础[M]. 北京：中国石化出版社. 2019.

[10]唐海, 周开吉, 陈冀嵋. 石油工程设计—油气藏工程设计[M]. 北京：石油工业出版社. 2011.

[11]刘蜀知, 孙艾茵. 油藏工程基础与方法[M]. 北京：石油工业出版社. 2011.

[12]刘德华, 唐洪俊. 油藏工程基础[M]. 2 版. 北京：石油工业出版社. 2011.

[13]程林松. 渗流力学[M]. 北京：石油工业出版社. 2011.

[14]葛家理, 刘月田, 姚约东. 现代油藏渗流力学原理(下册)[M]. 北京：石油工业出版社. 2003.

[15]刘合, 李艳春, 贾德利, 等. 人工智能在注水开发方案精细化调整中的应用现状及展望[J]. 石油学报, 2023, 44(9)：1574－1586.

[16]邹才能, 李士祥, 熊波, 等. 碳中和"超级能源系统"内涵、路径及意义——以鄂尔多斯盆地为例[J]. 石油勘探与开发, 2024, 51(4)：924－936.